JN069175

低圧電気取扱特別教育テキスト

第8版

──講習用テキスト──

一般社団法人 **日本電気協会**
THE JAPAN ELECTRIC ASSOCIATION

ま え が き

　電気の利用は、産業・経済の発展に伴い年々増加しており、基幹エネルギーとしてその重要性をますます高めております。

　また、近年では、自然エネルギーを利用した太陽光発電設備や風力発電設備等の小出力発電設備の導入が増えてきております。

　このような状況のなか、工場や事業所における労働災害のうち、電気による事故は毎年あとを絶たない状況で、特に感電による死亡災害のうちの約6割は低圧電気（交流では600V以下）によるものであります。

　感電事故を防止するためには、電気設備の整備、保守、適正な作業管理の遂行などを図るとともに、電気取扱業務の従事者はその作業を安全に行うための知識及び技能を有することが重要です。

　このため、『労働安全衛生法第59条』では電気取扱業務などの危険業務の従事者に対し、労働安全衛生特別教育を行うことを事業者に義務づけております。

　本書は、労働安全衛生法に基づいた特別教育の対象業務のうち低圧の電気取扱い者に対する特別教育のための講習用テキストとして安全衛生特別教育規程に基づきこの度第8版を発行いたしました。

　当該作業者が身につけなければならない安全上の知識を簡潔にイラストや写真などをふんだんに使用してわかりやすく解説してあります。

　本書が労働災害の防止のために低圧の電気取扱作業従事者をはじめ、関係者に幅広くご利用いただければ幸いです。

　令和6年5月

一般社団法人　日本電気協会

目　次

はじめに

1　労働安全衛生特別教育とは

　労働安全衛生法（以下「安衛法」と略す。）第59条では「事業者が、労働者を新たに雇用した時や作業内容を変更した時には、労働者が従事する業務に関する安全又は衛生のための必要な事項について教育を行わなければならない。また、危険又は有害な業務[※1]につかせようとするときには安全又は衛生のための特別教育を実施しなければならない。」と定めています。

2　低圧電気取扱特別教育のカリキュラム

　低圧電気取扱特別教育の学科教育のカリキュラムは，安全衛生特別教育規程[※2]第6条に規定されています。また、実技教育については、同規程同条に低圧の活線作業及び活線近接作業の方法について、7時間以上（開閉器の操作の業務のみを行う者については、1時間以上）行うものと規定されています。

※1　危険又は有害な業務：労働安全衛生規則第36条で特別教育を必要とする業務を規定しています。電気に関しては、第1項第四号で低圧、高圧、特別高圧の「充電電路や充電電路の支持物の敷設、点検、修理若しくは操作等の業務」（電気取扱業務）に従事させる時は、安全衛生特別教育を行わなければならないと定めています。
※2　第6編　第1章　4　安全衛生特別教育規程（抄）（P.252）参照

第1編

低圧の電気に関する基礎知識

低圧の電気の危険性

講習のねらいとポイント

　この章では法律に基づく電圧の種別を理解し、低圧の電気による感電災害と感電による人体への生理的な反応について学習します。

1　電圧の種別

　電圧の種別は、電気事業法に基づく電気設備に関する技術基準を定める省令（以下、電技省令と略す。）第2条及び労働安全衛生規則（以下「安衛則」と略す。）第36条に規定され、表1-1-1のようになります。

表1-1-1　電圧の種別

	直流	交流
低　圧	750V 以下	600V 以下
高　圧	750V を超え 7,000V 以下	600V を超え 7,000V 以下
特別高圧	7,000V を超えるもの	

　電圧の種別は、危険の程度と実用上の必要性の両面から考慮して定められたもので必ずしも理論的に導かれた数値ではありません。

　低圧の限度は、直流は市街電車の電圧を、交流は家庭や商店、小規模工場など一般需要家に供給する電圧を対象に定められました。

　高圧は、主に電気事業者の配電線、専用敷地内の電気鉄道、大工場等の電動機用の屋内配線等に使用される電圧です。直流については、特に問題がないことから交流と同じ電圧（7,000V）に定められました。

　特別高圧は、主に電気事業者の発電所や変電所、送電線路等で、産業用では大規模工場等で使用される電圧です。

2　感電死亡災害の状況

　図1-1-1は、過去20年間の感電死亡災害の統計データです。感電死亡災害件数の約半数は低圧による事故であり、高圧による事故より高い割合を示す年もあります。

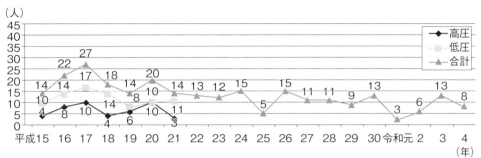

（注1）厚生労働省労働基準局の公表データを参考に作成
（注2）平成22年以降は、電圧別データは公表されていない。

図1-1-1　感電による労働災害死亡者数の推移

　図1-1-2では感電による死亡災害の業種別人数（令和4年）を表しています。

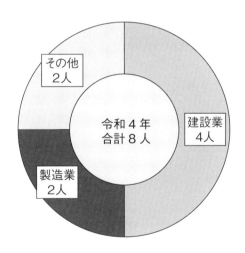

図1-1-2　感電による死亡災害の業種別人数（令和4年）

3　感電と人体の反応

　感電は電撃といわれ、人体に電流が流れることによって発生します。電撃を受けたとき、人体に流れた電流の大きさにより、次のような反応が現れます。

① 電流を感知する程度のもの
② 苦痛を伴うショック
③ 筋肉の硬直
④ 心室細動※による死亡　等

　感電のケースとして、図1−1−3に示すように電気が非接地側電線から人体を経て大地へ流れるケースと非接地側電線から人体を通過して接地側電線に流れるケースが想定できます。

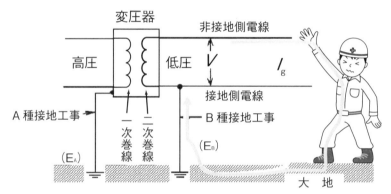

a）非接地側電線から人体を経て大地へ流れるケース

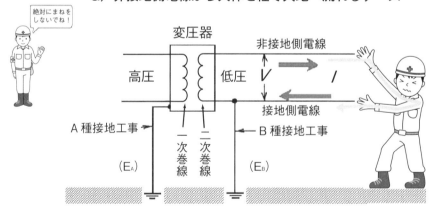

b）非接地側電線から人体を通過して接地側電線に流れるケース

図1−1−3　感電のケース

※心室細動とは、心筋が正常な収縮・拡張を行わず各部分がばらばらに活動する症状。発症後、数秒で意識がなくなり、治療しないと5分程度で脳障害が発生し、まもなく死亡します。
　第4編第5章救急処置（P. 107〜P. 139）

感電した場合の危険性は次のような因子で決まります。

① 通電電流の大きさ　　　　　　　➡　大きいほど危険
　　（人体に流れた電流の大きさ）

② 通電時間　　　　　　　　　　　➡　長いほど危険
　　（電流が人体に流れた時間）

③ 通電経路　　　　　　　　　　　➡　心臓を通ると危険度大
　　（電流が人体のどこを流れたか）

④ 電源の種類　　　　　　　　　　　　電　流：交流は直流よりも生
　　（直流・交流、周波数など）　　　　　　　　理学的影響が大きい
　　　　　　　　　　　　　　　➡　周波数：交流40～150Hz が最
　　　　　　　　　　　　　　　　　　　　　　も危険性が高い

　人体が電撃を受けると、通電した電流の大きさや経路、通電時間、電源の種類に応じて、人体に次のような生理学的影響が現れます。

① 感知（知覚）　　→身体に電流が流れていることを感じる
② 手の固着　　　　→充電部をつかんだ手がけいれんして動かなくなる
③ けいれん　　　　→筋肉のけいれんで身体の自由が失われる
④ 呼吸困難・窒息　→呼吸筋のけいれんで呼吸運動が困難になる
⑤ 心拍停止　　　　→心室細動による心停止
　　　　　　　　　　（電撃による死亡の主要因）
⑥ 呼吸停止　　　　→電撃後に回復しにくい
　　　　　　　　　　頭からの通電時に発生しやすい
⑦ 意識の喪失　　　→強い電撃による失神
⑧ 器質的障害　　　→生体の器官・組織の構造的な損傷
　　　　　　　　　　熱による障害

感電、スパーク・アーク放電などによる電気的障害による組織損傷を一般に「電撃傷」と呼び、次の2種類に分類することができます。

（1）皮膚の火傷：アーク放電やスパークなど数千度の高熱による火傷
　・金属が溶融・ガス化し皮膚へ付着・浸透
　・熱傷面が青錆色に変化
（2）内部組織の火傷：人体に電流が流れるときのジュール熱による火傷
　・タンパク質の凝固
　・内部組織の壊死

熱湯等による熱傷と異なり治療に時間がかかる。

　また、電撃を受けると、反射動作ができなくなったり、手足がけいれんによって自由に動かせなくなることによる、転倒・墜落などの二次災害が発生するおそれがあります。

4　国際電気標準会議（IEC）における規定内容

　国際電気標準会議（IEC）では感電時における人体への影響として人体反応曲線図が公開されています。（IEC60479-1）
　図1-1-4と図1-1-5は交流電流と直流電流が人体を通過した時の反応を示したものです。人体を通過する電流値により段階的に変化します。いずれも「左手から両足」への電流経路での心室細動のいき値を表す曲線です。
　両方の図で心室細動が発生する電流を比べてみると、交流の方が小さい電流値で発生する確率が高く、交流電流の方が直流電流よりも危険度が高いことがわかります。

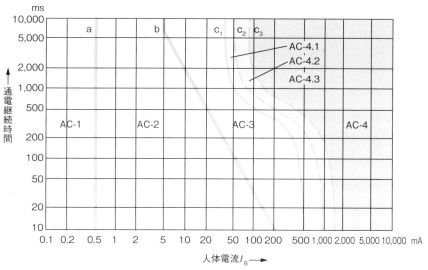

図1−1−4　交流電流（15〜100Hz）による感電時の通電時間−電流領域

表1−1−2　交流電流による感電に対する人体反応

領域の呼称	領域の範囲（実効値）	生理学的影響
AC−1	0.5mA（線a）まで	・通常では、人体の反応なし。
AC−2	0.5mA から線bまで※	・通常では、人体に有害な生理学的影響はなし。
AC−3	線bから曲線c_1まで	・通常では、想定される器官傷害はなし。電流が2秒より長く持続する場合、けいれん性の筋収縮や呼吸困難の可能性がある。電流値と時間の増加に伴い、心房細動や一時的心臓停止を含む心臓のインパルスの生成と伝導の回復可能な乱れが心室細動なしに起こる。
AC−4	曲線c_1から上（右）	・電流値と時間の増加に伴い心臓停止、呼吸停止及び重度のやけどなど危険な病態生理学的影響が領域3の影響に加えて起こる可能性がある。
AC−4.1	c_1−c_2	・心室細動の確率が約5％までに増大。
AC−4.2	c_2−c_3	・心室細動の確率が約50％以下。
AC−4.3	曲線c_3超過	・心室細動の確率が約50％超過。

※　通電継続時間が10ms未満の場合、線bの人体通過電流の限度値は、200mAで一定のままである。

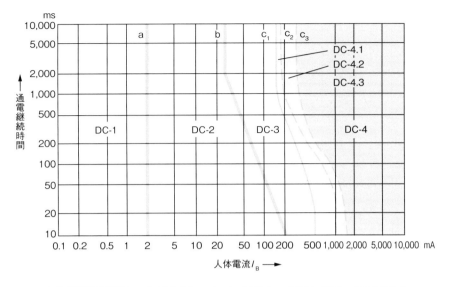

図１－１－５ 直流電流による感電時の通電時間－電流領域

表１－１－３ 直流電流による感電に対する人体反応

領域の呼称	領域の範囲	生理学的影響
DC-1	2mA（線a）まで	・通常では、人体の反応なし。スイッチを入切する場合にわずかな刺すような痛み。
DC-2	2mAから線bまで※	・通常では、人体に有害な生理学的影響はなし。
DC-3	線bから曲線c_1まで	・通常では、想定される器官傷害はなし。電流値と時間の増加に伴い、心臓のインパルスの生成と伝導の回復可能な乱れが起こることがある。
DC-4	曲線c_1から上（右）	・電流値と時間の増加に伴い、例えば、重度のやけどなど危険な病態生理学的影響が領域3の影響に加えて起こることが予想される。
DC-4.1	c_1-c_2	・心室細動の確率が約5％までに増大。
DC-4.2	c_2-c_3	・心室細動の確率が約50％以下。
DC-4.3	曲線c_3超過	・心室細動の確率が約50％超過。

※ 通電継続時間が10ms未満の場合、線bの人体通過電流の限度値は、200mAで一定のままである。

国際電気標準会議（IEC）で公表された人体反応曲線図を基に交流における人体の電撃反応に対する発生限界をまとめると表1－1－4のようになります。

表1－1－4　交流における人間の電撃反応に対する発生限界

	説　明	電　流　値
感知電流	感覚により直接感知できる最小の電流	0.5mA
離脱電流	誤って充電部をつかんでも自分の意志で離すことができる最大の電流	10mA
心室細動電流	心室細動が発生する限界電流	500mA（t＝10ms） 400mA（t＝100ms） 50mA（t＝1 s） 40mA（t＝10s）

5　人体の電気抵抗

感電時、人体にどれぐらいの電流が流れるかを想定するために人体の電気抵抗（人体抵抗）を理解することは大切なことです。

人体に流れる電流の大きさは、オームの法則により印加電圧と人体抵抗で決まります。人体抵抗とは、「人体内部抵抗」と「皮膚の接触抵抗」の合計です。

人体内部抵抗は、電流の経路によって変わります。図1－1－6中の数値は、手から手、手から足の人体内部抵抗値500Ωを100％としたときの各経路の人体内部の抵抗を示しています。

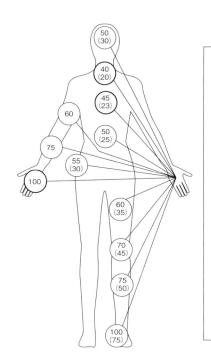

例）
・手と手の間は100%となるので500Ω
・手と胸の間は45%となるので500Ωの45%で225Ω
・手と首の間は40%で200Ω

人体に加わる電圧が同じであれば、抵抗が小さいほど、大きな感電電流が流れる。
また、心臓を通る経路は危険性が高くなります。

(注) 数字は、その経路の人体抵抗を手から手、手から足の値に対する百分率で示す。
　　　カッコ内の数字は、両手とその人体部分との間の電流経路に対するもの。
出典：絵とき災害防止のための安全知識(上)（電気と工事　1998年8月号付録　株式会社オーム社）

図1-1-6　電流経路に対する人体内部抵抗

　また皮膚の接触抵抗は、状況によって変わります。皮膚が乾いている時よりも、汗をかいている時の方が皮膚の接触抵抗が小さくなり、水で濡れている時は、さらに皮膚の接触抵抗が小さくなります。抵抗値が小さいほど電流が大きくなり、人体への影響が重大です。

　すでに述べたように、電撃の危険性は人体に流れた電流の大きさで決まります。人体に加わった電圧が同じであれば、人体抵抗が小さいほど大きな電流が流れることになり、人体への影響も大きくなります。

6　許容接触電圧

　電撃の危険度は、電流で決まります。人体抵抗をほぼ一定と考えると電圧が高いほど電流も大きくなり危険です。
（抵抗が同じであれば、オームの法則（電流 $I = \dfrac{電圧 E}{抵抗 R}$）により電流も大きくなります。）

$$例：200mA = \frac{100V}{500Ω} \quad 400mA = \frac{200V}{500Ω}$$

　電源は一般的に電圧値で表示されるため電撃の危険度を電圧値で表示す

ると理解しやすくなります。

　国によっては人体に危険とならない程度の電圧値として「安全電圧」を設定しています。

（例：ドイツ、イギリス→24V　オランダ→50V）

　人が漏電している電気機器の外箱に触れて感電した場合（図1－1－7）、人体抵抗と人体に流れる電流に応じた電圧（接触電圧※）が人体にかかります。

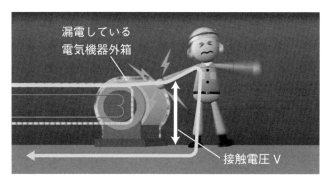

図1－1－7　漏電している電気機器の外箱に触れて感電

　日本電気協会発行「低圧電路地絡保護指針」（JEAG8101）では接触の状態に応じた接触電圧の許容値「許容接触電圧」を規定しています。

表1－1－5　許容接触電圧

種　別	接　触　状　態	許容接触電圧
第1種	○人体の大部分が水中にある状態	2.5V 以下
第2種	○人が著しく濡れている状態 ○金属製の電気機械装置や構造物に人体の一部が常時触れている状態	25V 以下
第3種	○第1、2種以外の場合で、通常の人体状態において接触電圧が加わると、危険性が高い状態	50V 以下
第4種	○第1、2種以外の場合で、通常の人体状態において、接触電圧が加わっても危険性が低い状態 ○接触電圧が加わるおそれがない場合	制限なし

出典：JEAG8101「低圧電路地絡保護指針」（第104－1表）［（一社）日本電気協会］

※接触電圧：漏電している電気機器の金属製外箱等に人体が触れたとき、人体に加わる電圧をいい、接触電圧の許容値は人体が置かれている状態によって異なります。

大地に立っている人が非接地側電線に触れて感電した場合、人体に流れる電流は、人体の抵抗、周囲の状況（水に濡れている等）、変圧器の低圧側で接地されているB種接地工事の抵抗値等に影響されます。（図1－1－8）

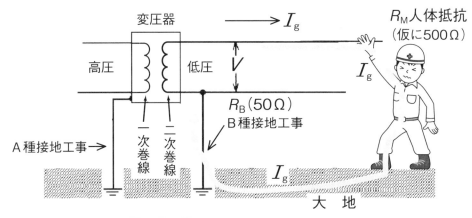

感電時に人体に流れる電流

　例えば、人体に流れる電流 I_g は、人体抵抗 R_M を500Ω、手、足の接触抵抗を0Ω、B種接地工事 R_B を50Ω として計算すると

　　　電流 I_g＝電圧 V／抵抗（R_M＋R_B）

　　　　　　＝100／（500＋50）

　　　　　　≒182 mA

　この電流を、P.9の図1－1－4の曲線に当てはめた場合、約0.4秒以上流れると死に至る危険があります。（図1－1－9）

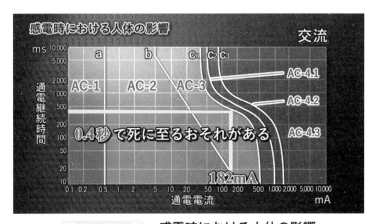

感電時における人体の影響

■ ■ ■ ■ 第2章 ■ ■ ■ ■

短　絡

講習のねらいとポイント

この章では短絡の現象を理解し、短絡による災害と対策について学習します。

1　短　絡

　故障や事故などによって、電気回路の線間が電気抵抗の少ない状態で接触した現象を**短絡**（ショート）といいます。その時に流れる非常に大きな電流を短絡電流といい場合によっては数千 A〜数万 A にもなり、電気機器や配線を損傷させることになります。（図1−2−1）

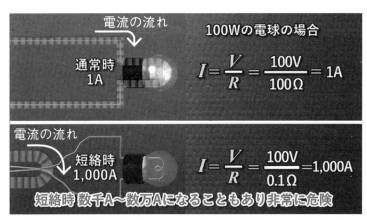

通常時 1A

電流の流れ　100Wの電球の場合

$I = \dfrac{V}{R} = \dfrac{100V}{100\Omega} = 1A$

電流の流れ　短絡時 1,000A

$I = \dfrac{V}{R} = \dfrac{100V}{0.1\Omega} = 1,000A$

短絡時 数千A〜数万Aになることもあり非常に危険

図1−2−1　短絡の一例（上が通常時、下が短絡時）

2　短絡による災害

　短絡が起きると、非常に大きな電流によってジュール熱やアーク放電が発生し、配線などの焼損や機器の破損など設備災害や、取扱者の電気火傷など人身災害が発生し、危険です。（図1−2−2）

短絡時のアークの影響で黒い
すすがついている。

短絡箇所

電線も端子台も激しく溶断している。

図1-2-2　工場の分電盤内で発生した短絡事故

(1) 設備災害と人身災害
　・ジュール熱による電線溶断や絶縁被覆の焼損
　・発電機や変圧器の焼損や遮断器の爆発
　・アークによる電気火傷
(2) 短絡の発生原因
　・絶縁電線、キャブタイヤケーブルなどの絶縁被覆の劣化、損傷
　（図1-2-3）

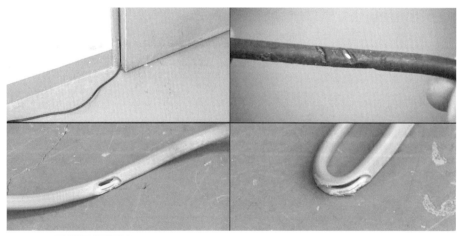

図1-2-3　電線やケーブルなどの絶縁被覆の劣化や損傷

・工事中に相間を短絡（図1－2－4）

（図1－2－4）　**ドライバーによる短絡事故の例（再現）**

　・開閉器のヒューズ取替え中にドライバーで端子間を短絡
（3）短絡事故防止対策
　・電気配線、スイッチ、接続器具などの絶縁処理の徹底
　・電気機器の正常運転の実施
　・過電流遮断器の設置（回路の短絡電流の遮断能力を有するもの。）
　短絡が発生した場合に回路を守るための安全装置である配線用遮断器などがその役割を担っています。短絡電流を検知すると、瞬時に回路を遮断します。

第3章

漏　電

　講習のねらいとポイント

　この章では漏電現象を理解し、漏電による感電災害と防止対策について学習します。

1　漏　電

　電流は決められた通路（電気回路）を通るようになっていますが、その通路以外に電流が流れる状態を**漏電**といいます。この流れる電流を「漏れ電流」又は「漏えい電流」といいます。（図1－3－1）

　電路や電気機器で漏電が発生すると発熱やスパークの発生や、感電の危険があるため、定期的に点検を行い、漏電をチェックすることが大切です。

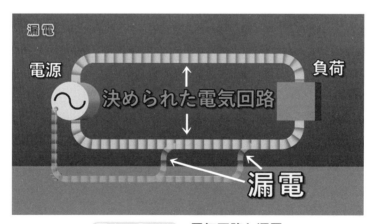

図1－3－1　電気回路と漏電

2　漏電による感電災害と防止対策

　電路や電気機器を正常な状態で使用し、保守、点検などを励行して漏電を起こさないことが重要です。万が一漏電が発生した場合でも、感電災害

を防ぐための方法としては次のような対策があります。

（1）漏電遮断器の設置

　漏電遮断器が設置された負荷側の電路及び電気機器で起こる漏電に対して漏れ電流がある値以上になれば、その電路を瞬時に遮断し、感電災害を未然に防いでくれる安全装置です。（図１－３－２、図１－３－３）

　また、感電災害防止以外に電路の漏電による火災の防止などの目的のためにも必要です。

写真提供：富士電機株式会社

図１－３－２　**漏電遮断器の外観**

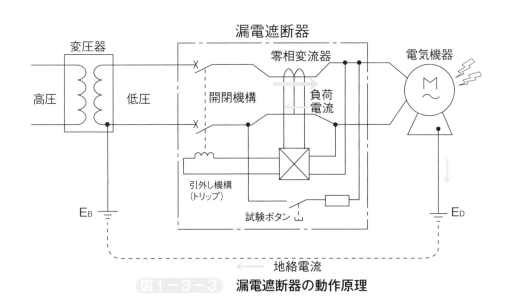

図１－３－３　**漏電遮断器の動作原理**

一般的に漏電遮断器は、地絡検出機構、引外し機構、開閉機構及び試験ボタンなどを絶縁性のある容器内に組み込んだ構造であり、その動作原理は漏れ電流が大地に流れることによって生ずる電流の不平衡分を零相変流器で検出することによって動作するものです。

　漏電遮断器の設置義務は、安衛則と電技省令第15条で規定され、電気設備の技術基準の解釈（以下、電技解釈と略す。）で具体的に示されています。

① 安衛則（第333条第1項）
・電動機を有する機械又は器具で、対地電圧が150Vをこえる移動式若しくは可搬式のもの。
・水等導電性の高い液体によって湿潤している場所その他鉄板上、鉄骨上、定盤上等導電性の高い場所において使用する移動式若しくは可搬式のもの。

② 電技解釈（第36条）
・金属製外箱を有する使用電圧が60Vを超える低圧の機械器具で、人が容易に触れるおそれがある場所に施設するものに電気を供給する電路。

表1-3-1　漏電遮断器の種類

（JIS C 8201-2-2(2011)の附属書2、JIS C 8221(2004)の附属書2、JIS C 8222(2004)の附属書2）

感度電流による区分		定格感度電流（mA）
高感度形		5、6、10、15、30
中感度形		50、100、200、300、500、1,000
低感度形		3,000、5,000、10,000、20,000、30,000
動作時間による区分		動作時間
非時延形	高速形	定格感度電流で0.1秒以内
	反限時形	定格感度電流で0.3秒以内 定格感度電流の2倍の電流で0.15秒以内 定格感度電流の5倍の電流で0.04秒以内
時延形	反限時形*	定格感度電流で0.5秒以内 定格感度電流の2倍の電流で0.2秒以内 定格感度電流の5倍の電流で0.15秒以内
	定限時形	定格感度電流で0.1秒を超え2秒以内

〔備考1〕JIS C 8201-2-2の附属書2、JIS C 8221の附属書2、JIS C 8222の附属書2では感度電流による区分と動作時間による区分との組み合わせによる。
〔備考2〕漏電遮断器の最小動作電流は、一般的に定格感度電流の50%以上の値となっているので、選定には注意すること。
〔備考3〕*印のものは、定格感度電流の2倍における慣性不動作時間が0.06秒の場合を示す。その他のものは、製造業者の指定による。

出典：JEAC8001「内線規程」（(1375-2表)〔(一社) 日本電気協会〕）

その他に漏電遮断器の接続や使用の安全基準等は労働省告示※に規定されています。

（2）保護接地

電気機器の金属製外箱を十分に低い接地抵抗で接地して、漏電時に電気機器の金属製外箱に生ずる対地電圧を低く抑えて感電災害を防止する方法です。

電技解釈第17条・29条では、機械器具の鉄台及び金属製外箱に施す接地の種類と接地抵抗値は表1－4－1（P.25）に示す内容で規定されています。しかし、電気機器で漏電が生じたとき、金属製外箱に生ずる対地電圧は、C種又はD種接地工事の抵抗値と電源用変圧器の低圧側の一端に施されるB種接地抵抗値との按分比によって決定され、一般的にB種接地工事の抵抗値は非常に低いため、仮に電気機器の金属製外箱に100Ω以下の接地を施しても保護接地の目的が果たせない場合があるため、漏電遮断器を取り付けるなど十分な保護を行うことが大切です。

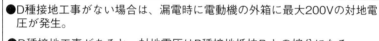

● D種接地工事がない場合は、漏電時に電動機の外箱に最大200Vの対地電圧が発生。

● D種接地工事があると、対地電圧はB種接地抵抗R_Bとの按分になる。

対地電圧：$V = 200 \times R_D / (R_B + R_D) = 200 \times 20 / (10 + 20) \fallingdotseq 133V$

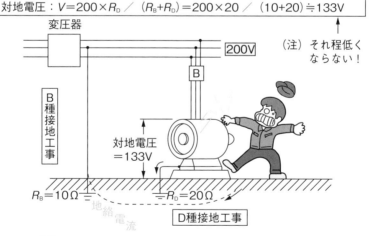

図1－3－4 保護接地（D種接地工事）の実施例

※昭和49年技術上の指針公示第3号（第6編　第2章　2　感電防止用漏電しゃ断装置の接続及び使用の安全基準に関する技術上の指針（P.260）参照）

(3) 非接地方式の電路

非接地方式は、電源用変圧器の低圧側の中性点又は1端子を接地しない配電方式で、安衛則第334条（適用除外）や電技解釈第36条（地絡遮断装置の施設）でその適用が規定されています。（図1－3－5）このような電路では人が漏電している電気機器の金属製外箱に触れても、地絡電流が流れる電気回路が構成されないため感電災害に至りません。例えば、電技解釈第187条（水中照明灯の施設）では、水中照明灯に電気を供給するためには、絶縁変圧器を使用する旨規定されています。ただし、非接地方式電路が長くなると、電路の対地静電容量が大きくなり、充電電流が増加して感電災害に至る可能性が出てきます。

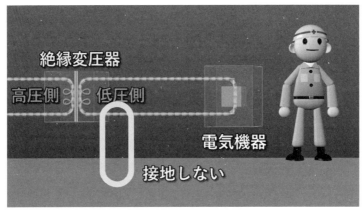

図1－3－5　非接地方式の電路

(4) 二重絶縁構造電気機器

一般的な電気機器は基礎絶縁（機能絶縁）構造といって、感電に対する最低限必要な絶縁構造であるため、過電圧などの要因によりこの絶縁が破壊された場合、感電する危険があります。それに対して二重絶縁構造とは、基礎絶縁と付加絶縁（保護絶縁）の両方からなる絶縁構造をいいます。付加絶縁とは基礎絶縁が破壊した場合の感電保護を目的とした絶縁で、漏電災害が極めて少ない構造といえます。（二重絶縁構造の具体的構造は電気用品安全法で規定されており、この構造基準に適合したものには、回マークが表示されています。）（図1－3－6）

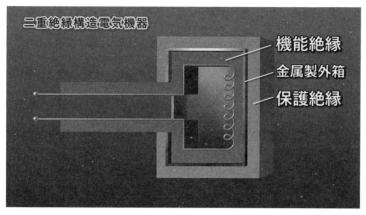

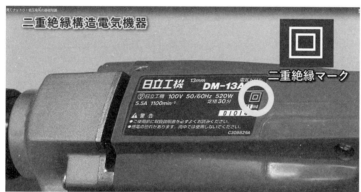

図１－３－６　二重絶縁構造電気機器

(5) 低電圧電源

　これは電気機器の電源電圧を24V 又は42V の低電圧電気機器を使用し、漏電が生じて地絡電流が人体に流れても危険になるほどの電流が流れないようにする方法です。しかし、濡れて人体抵抗が著しく低い場合は、このような低い電圧でも感電死傷事故を起こす危険があるため、必ずしも安全な方法であるとはいえません。

第4章

接　地

講習のねらいとポイント

　この章では接地の目的を理解し、接地の種類、接地抵抗値、接地工事の方法について学習します。

1　接地の目的

　接地（アース）とは、電気機器の外箱や架台などを大地と同電位に保つために、地中に埋設した導体に接続することで、大地と電気的に接続された状態をいいます。（図1-4-1）

　例えば、電気機器の金属製外箱などは通常時、充電されていませんが、電気機器の故障や絶縁劣化などが原因で漏電すると、外箱が充電されることがあります。接地はその充電された外箱に人が触れても感電しないようにするために必要です。

　保安上、変圧器二次側の中性線を接地します。これは変圧器の故障によって二次側に一次側の高い電圧がかからないようにするものです。また、変圧器二次側中性線の接地は、地絡検出が確実に行えるようになる機能も含まれます。

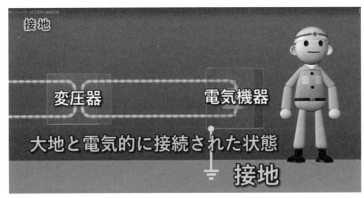

図1-4-1　接地

2　接地工事の種類と接地抵抗値

接地工事の種類と接地抵抗値などは電技解釈第17条、24条、29条に規定されています。A種、B種、C種、D種接地工事があり、接地抵抗値や接地線の種類は表1－4－1に示すとおり定められています。

表1－4－1　接地工事の種類等

接地工事の種類	接地抵抗値	接地線の種類	接　地　箇　所	接地方式
A種	10Ω 以下	直径2.6mm 以上の軟銅線	高圧用又は特別高圧用の機器の外箱又は鉄台	機器接地
B種	150／I Ω以下	直径4mm 以上の軟銅線	高圧用又は特別高圧と低圧を結合する変圧器低圧側の中性点（又は一端子）	系統接地
C種	10Ω 以下	直径1.6mm 以上の軟銅線	300V を超える低圧用機器の外箱又は鉄台	機器接地
D種	100Ω 以下	直径1.6mm 以上の軟銅線	300V 以下の低圧用機器の外箱又は鉄台	機器接地

（注）1. Iは電路の一線地絡電流（A）を示す。
　　　2. B種の接地抵抗値は、当該電路に設置される地絡遮断器の遮断時間によって緩和することができる。

　A種接地工事は、特別高圧計器用変成器の二次側電路、高圧又は特別高圧用機器の架台、高電圧の侵入のおそれがあり危険度の高いものなどに要求され、接地抵抗値は10Ω 以下です。

　B種接地工事は、高圧又は特別高圧から低圧に下げる変圧器の中性点に要求され、接地抵抗値は変圧器の高圧側又は特別高圧側の電路の一線地絡電流のアンペア数で150を除した値に等しい抵抗値以下です。

　C種接地工事は、300V を超えて使用する低圧機器の架台などに要求され、接地抵抗値は10Ω 以下です。

　D種接地工事は、300V 以下で使用する低圧機器や架台や高圧計器用変成器の二次側電路などに要求され、接地抵抗値は100Ω 以下です。

　なお、接地抵抗値は接地極を埋設する土壌によって大きく左右されますので施工時に注意が必要です。

　また、これらの接地工事は、機器接地と系統接地に分けられます。機器

接地は電気機器本体、架台、外箱など個別の機器類に施す接地で、感電による人体への影響を最小限にするための安全処置を目的としています。（図1－4－2）一方、系統接地は変圧器の二次側の接地など、電路全体を大地と接続するものです。B種接地工事は、高低圧混触時に低圧側の電位上昇を抑える目的で施されますが、低圧側での漏電検知を行う際、漏電した電流を変圧器に還流させる重要な役割も担っています。（図1－4－3）

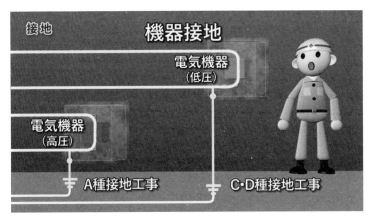

「機器接地」のイメージ

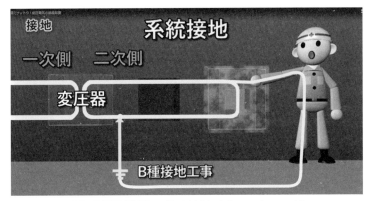

「系統接地」のイメージ

　表1－4－2は移動して使用する電気機器の金属製外箱等に接地工事を施す場合の可とう性を必要とする部分の接地線の最低の太さについてまとめたものです。A種接地工事及びB種接地工事の接地線を人が触れるおそれがある場所を考慮して、太さ8mm²以上のキャブタイヤケーブルを使用することとなります。

表1−4−2 移動して使用する電気機器の接地線

接地工事の種類	接地線の種類	接地線の断面積
A種 B種	3種クロロプレンキャブタイヤケーブル 3種クロロスルホン化ポリエチレンキャブタイヤケーブル 3種耐燃性エチレンゴムキャブタイヤケーブル 4種クロロプレンキャブタイヤケーブル若しくは4種クロロスルホン化ポリエチレンキャブタイヤケーブルの1心又は多心キャブタイヤケーブルの遮へいその他の金属体	8mm²以上
C種 D種	多心コード又は多心キャブタイヤケーブルの1心	0.75mm²以上
	多心コード又は多心キャブタイヤケーブルの1心以外の可とう性を有する軟銅より線	1.25mm²以上

出典：「電気設備の技術基準の解釈」（第17条）を参考に作成

3　接地工事の施設方法

　接地線の種類、接地極の施設方法は、電技解釈第17条に規定されています。

　接地を施す場合、接地線は電流が安全かつ確実に大地に通ずることが要求されます。

　したがって、接地線の太さ、引っ張り強さ、接地極の施設方法が電気設備の技術基準で規定されています。具体的には接地線の太さは、故障の際に流れる電流を安全に通ずることができるよう表1−4−1の接地線の種類の欄に示す太さ以上のものを使用します。ただし、移動して使用する電気機器では、接地線を別に設けることは不便であるため、多心コードや多心キャブタイヤケーブルの1心を使用する場合は0.75mm²以上のものの使用が認められています。

　故障時に接地線へ電流が流れると、接地極の接地抵抗によって大地との間に電位差を生じ、接地線を中心として地表面に電位傾度があらわれるので、人が触れるおそれがある場所にA種、B種接地工事の接地線を施設する場合には、接地極を地下75cm以上の深さに埋設し、かつ、地下75cmから地表上2mまでの接地線を、合成樹脂管等の絶縁効力のあるもので覆うことが規定されています。（図1−4−4）

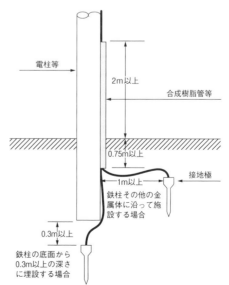

図1−4−4 A種、B種接地工事施設図

電柱等

2m以上

合成樹脂管等

0.75m以上

接地極

1m以上

鉄柱その他の金属体に沿って施設する場合

0.3m以上

鉄柱の底面から0.3m以上の深さに埋設する場合

第5章

電気絶縁

講習のねらいとポイント

　この章では電気をよく通す、通さない物質の電気的性質を理解し、絶縁物の劣化要因と耐熱区分、絶縁劣化を定期的に検査する絶縁レベルについて学習します。

1　導体と絶縁体

　導体とは自由電子になりやすい電子が多い物質で、絶縁体とはある電子が他の電子を押しのけにくい、いいかえれば原子核と電子の結びつきが強力な物質（自由電子になりにくい物質）を指します。（表1－5－1）

表1－5－1　物質の電気的分類

	電 気 的 性 質	物　質
導体	電気をよく通す	銅、アルミニウム、鉄など
絶縁体	電気をほとんど通さない	空気、磁器、ゴム、ビニルなど
半導体	導体と絶縁体の中間	ゲルマニウム、シリコン、セレンなど

2　電気絶縁

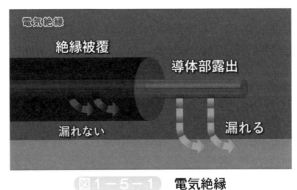

図1－5－1　電気絶縁

　電気は漏れやすい性質を持っているため、電気を安全に利用するためには電気回路以外の部分へ電気が漏れないように絶縁物を用いて絶縁することが最も重要です。電気設備や電気機器では絶縁抵抗の低下が感電や火災の原因となっています。

　電気配線や電気機器では、電気の流れる金属導体を電線相互間、電線と大地間などを絶縁しています。

　また、活線作業や活線近接作業では感電しないように絶縁物でできた保護具や防具で作業者の手足や充電部を絶縁します。

　絶縁物における電気を通すまいとする値を絶縁抵抗と呼び、その単位はMΩ（メガオーム又はメグオームと呼ぶ。10^6 Ω）で表されます。

3　絶縁物の劣化と耐熱区分

　どんなに優れた絶縁物でも使用条件や環境条件などによって必ず劣化を起こします。したがって、電気機器などの絶縁を良好に保つには劣化の要因を出来る限り排除することが重要です。

＜絶縁劣化の主な原因＞
- 電気的要因（非常に高い電圧の印加など）
- 機械的要因（振動、衝撃など）
- 熱的要因（温度上昇など）
- 自然環境的要因（紫外線など）

　絶縁物の絶縁劣化を防止するため、絶縁物の最高許容温度が規定されています。電気機器の導線その他導電部分の絶縁に用いられる絶縁体が耐熱温度別に分類されています。

耐熱クラスと絶縁材料

耐　熱 クラス [℃]	指定文字※	主　要　材　料
90	Y	変圧器油・木綿・紙・ポリエチレン・ポリ塩化ビニル・天然ゴム
105	A	
120	E	ポリエステル・エポキシ樹脂・メラミン樹脂・フェノール樹脂・ポリウレタン等の合成樹脂
130	B	マイカ・ガラス繊維などの無機材料
155	F	
180	H	
200	N	生マイカ・磁器・ガラスなど
220	R	
250	—	

出典：JIS C 4003「電気絶縁−熱的耐久性評価及び呼び方」（表1）［日本産業規格］を参考に作成
※　必要がある場合、指定文字は、例えば、クラス180（H）のように括弧を付けて表示することができる。スペースが狭い銘板のような場合、個別製品規格には、指定文字だけを用いてもよい。

4　保守点検

　絶縁物の破壊や絶縁抵抗の低下は短絡事故や地絡事故の発生につながります。絶縁物は経年で絶縁が劣化するため、定期的な保守点検により、その劣化状態を把握し、状態によって機器の改善や交換をすることが大切です。

　絶縁物の劣化判定の方法には、

　・外観検査（図1−5−2）

　・絶縁抵抗試験（メガテスト）（図1−5−3）

　・耐電圧試験

などがあります。

図1-5-2　外観検査

図1-5-3　絶縁抵抗試験（メガテスト）

　表1-5-3は電技省令に規定されている絶縁抵抗の値です。この値は電気設備・機器を安全に使用する最低限度の値であるため、実際に使用する場合は十分余裕のある値にして下さい。

表1-5-3　低圧電路の絶縁抵抗値

電　圧　区　分		絶縁抵抗値	主な回路
300V 以下	対地電圧が150V 以下	0.1MΩ	単相100V
	対地電圧が150V 超過	0.2MΩ	三相200V
300V 超過		0.4MΩ	三相400V

出典：「電気設備に関する技術基準を定める省令」（第58条）を参考に作成

　また、絶縁抵抗測定が困難な場合は、電技解釈により、当該電路に使用

電圧が加わった状態における漏えい電流が 1 mA 以下であればよいとされています。

　表 1 − 5 − 3 の絶縁抵抗値は、漏えい電流 1 mA を基本に定められたものです。

第2編

低圧の電気設備に関する基礎知識

配電設備

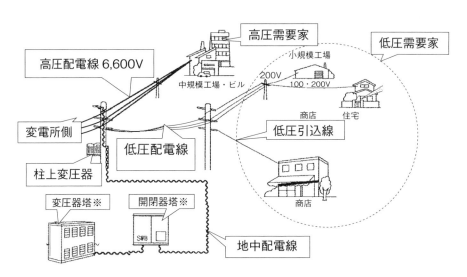

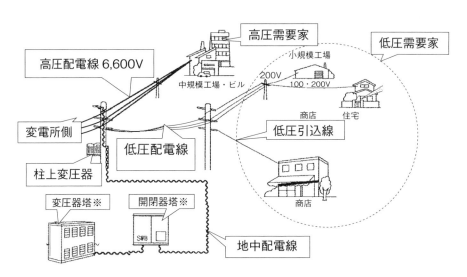

講習のねらいとポイント

　この章では電気事業者の変電所で特別高圧（7,000V 超過）から高圧に変換（変圧）された電力を需要家まで配電する設備について学習します。

1　高圧配電設備

　電気事業者の高圧配電設備から各需要家へは、架空配電方式（図2－1－2）又は地中配電方式（図2－1－3）によって電力が供給されます。（図2－1－1）架空配電方式では高圧絶縁電線が、地中配電方式では高圧電力ケーブルが使用されています。

※電気事業者によって名称や設置場所が異なります。

図2－1－1　配電設備の例

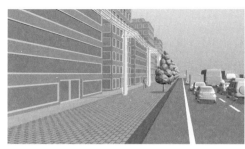
図2－1－2　架空配電方式

図2－1－3　地中配電方式

2　支持物

　電気事業者の架空配電方式は、支持物として、電柱が多く用いられます。電柱は一般的にコンクリート製が多く用いられ、各電柱には電力を供給するために主に以下のものが装柱されています。（図2－1－4）

<高圧設備>高圧電線、高圧碍子、高圧ヒューズ、高圧開閉器、避雷器、
　　　　　　変圧器

<低圧設備>低圧電線、低圧碍子、低圧ヒューズ

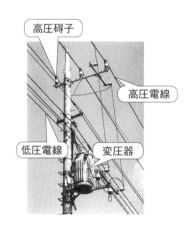

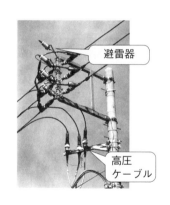

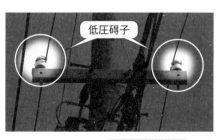

図2－1－4　電柱の装柱物

3 電気方式

　電気事業者の配電線路における電気方式として、高圧側は三相３線式で6,600Vの非接地配電方式で工場やビルなどに配電され、低圧側は単相２線式、単相３線式、三相３線式で100V、200V、400Vの接地方式で住宅や小規模の商店などへ配電されています。表２－１－１に変圧器の接続方法と低圧側の定格電圧の関係をまとめました。

表２－１－１ 配電線路の電気方式と結線方法（代表例）

電気方式	公称電圧（V）	結　線　方　法（高圧側省略）
単相２線式	100	
単相２線式	200	
単相３線式	100／200	
三相４線式	100／200	
三相３線式	200	

出典：JEC-0222 「標準電圧」（解説表３）〔(一社)電気学会〕を参考に作成

　電気方式と電気使用機器との関連の概要を示すと表2－1－2のように
なり、住宅等で使用するものは主に単相100V で、業務用、工業用等の大
型、大容量のものは三相200V で使用される場合が一般的です。

表2－1－2　電気方式と電気使用機器例

電気方式	電圧（V）	使　用　機　器
単相2線式	100	・蛍光灯 ・TV、洗濯機、冷蔵庫など家庭用電気製品
単相2線式	200	・水銀灯、ハロゲン灯など ・蓄熱機器（電気温水器等）、IH クッキングヒーター ・エアコン
単相3線式	100／200	・蛍光灯 ・ TV、洗濯機、冷蔵庫など家庭用電気製品
三相3線式	200	・電動機（大型のもの） ・工業用電熱器

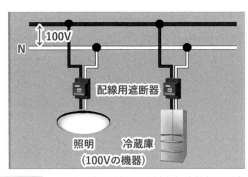

図2－1－5　電気使用機器結線例（単相2線式100V）

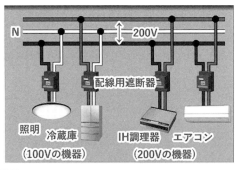

図2－1－6　電気使用機器結線例（単相3線式100／200V）

第2章

変電設備

講習のねらいとポイント

　この章では電気事業者から高圧（又は特別高圧）で受電して、低圧に変成する需要家の受変電設備の種類、構造、主要機器、電気方式について学習します。

　受変電設備とは電気事業者から高圧又は特別高圧で受電する「受電設備」と各電気設備に供給するための電圧に変成する「変電設備」で構成される需要家の設備をいいます。

　受変電設備は、大きく分けて開放組立方式のものと閉鎖形方式のものに分けられ、閉鎖形方式のうち、キュービクル方式が一般的に多くの需要家で採用されています。（図2－2－1）なお、受電設備の種類と設備容量の制限は、表2－2－1の通りです。

表2－2－1　受電設備の種類と設備容量の制限

受電設備方式		主遮断装置の形式	PF・S形〔kVA〕	CB形〔kVA〕
開放組立方式	屋外式	屋上式	150	制限なし
		柱上式	100	――
		地上式	150	制限なし
	屋内式		300	制限なし
閉鎖形方式	キュービクル（JIS C 4620に適合のもの）		300	4,000
	上記以外のもの（JIS C 4620に準拠又はJEM 1425に適合のもの）		300	制限なし

（注）表の欄に一印が記入されている方式については、使用しないことを示す。
　　出典：JEAC8011－2020「高圧受電設備規程」（1110－1表）［（一社）日本電気協会］を参考に作成

キュービクル方式の受変電設備の外観及び特徴は次のとおりです。
・所要床面積が少なくて済む。
・専用の部屋を必要とせず、地下室、屋上、構内の一部などに簡単に設置できる。
・内部機器設置の簡素化によって保守点検の手間が省け信頼性が高い。
・キュービクル内での作業性が悪い。
・公衆に対して安全性が高い。

開放組立方式

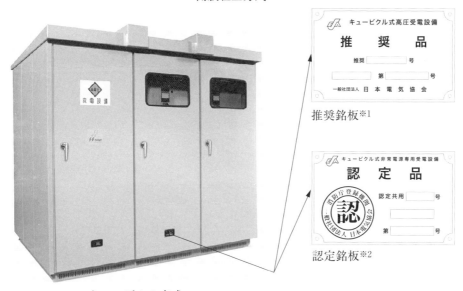

推奨銘板※1

認定銘板※2

キュービクル方式

写真提供：内外電機株式会社

図2-2-1 受変電設備の例

※1　推奨銘板は、「JIS C 4620 キュービクル式高圧受電設備」に適合し、安全でかつ信頼性のあるキュービクル式高圧受電設備として推奨委員会（日本電気協会）で推奨を受けたものに貼付されるものです。
※2　認定銘板は、「JIS C 4620 キュービクル式高圧受電設備」に適合し、かつ、消防庁告示第7号に適合しているキュービクル式非常電源専用受電設備として認定委員会（日本電気協会）で認定を受けたものに貼付されるものです。

1　主要設備

受変電設備の主な機器と結線図

　電路を開閉（無負荷時に行うこと。）するための断路器、過電流や短絡電流などの異常電流を遮断する遮断器、高圧を低圧に変成するための変圧器、低圧の電気の使用場所までの配線を保護するための配線用遮断器などで構成されています。（図2－2－2）

略　号	名　　称
GR付PAS	地絡継電装置付高圧交流負荷開閉器
VCT	電力需給用計器用変成器
Wh	電力量計
DS	断路器
LA	避雷器
PF	電力ヒューズ
CB	遮断器
LBS	高圧交流負荷開閉器
GR	地絡継電器
OCR	過電流継電器
VT	計器用変圧器
V	電圧計
VS	電圧計切換スイッチ
CT	変流器
A	電流計
AS	電流計切換スイッチ
T	変圧器
SR	直列リアクトル
SC	進相コンデンサ
MCCB	配線用遮断器

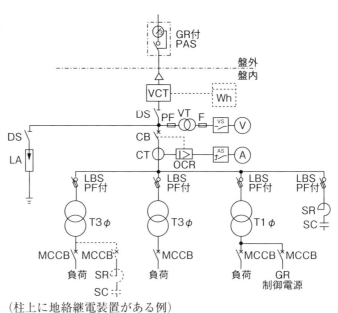

（柱上に地絡継電装置がある例）

図2－2－2　受変電設備の電気系統図例（概略図）

2　電気方式

　電気を負荷設備まで送るには、単相2線式（低圧側100V又は200V）、単相3線式（低圧側100Vと200V）、三相4線式（低圧側100Vと200V）、三相3線式（低圧側200V又は400V）などの電気方式があります。比較的消費電力が少ない電灯などは単相方式、消費電力が大きい電動機などでは三相の方式が採用されます。表2－2－2に電気方式と結線方法をまとめました。

表2－2－2　変電設備の電気方式と結線方法（代表例）

電気方式	公称電圧（V）	結線方法（高圧側省略）
単相2線式	100	
単相2線式	200	
単相3線式	100／200	
三相4線式	100／200	
三相3線式	200	
三相3線式	400	

出典：JEC-0222「標準電圧」（解説表3）［(一社)電気学会］を参考に作成

41

第3章

配　線

講習のねらいとポイント

　この章では需要家構内や建設工事現場において各機器へ電気を供給するための配線方法、電線の種類などについて学習します。

1　配　線

　需要家の受変電設備で変成された電気を工場や事務所など電気を使用する場所にある電気機器へ供給するため、建物などに施設される電線や付帯物などを配線といいます。（図2－3－1）

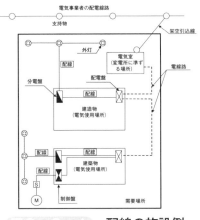

配線の施設例

(1) 施設場所と配線方法

　配線には電気使用場所の建物などに固定して配線する固定配線、建設工事現場や催場などに一定期間施設される臨時配線、建物などに固定しないで、移動用の電気機器に至る移動電線があります。（図2－3－2、図2－3－3）

　固定配線には、屋内の電気使用場所に施設される屋内配線、屋側の電気使用場所に施設される屋側配線、屋外の電気使用場所に施設される屋外配線があります。

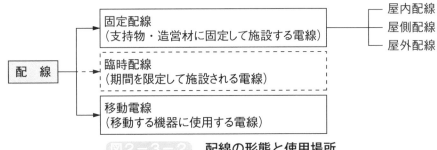

図2－3－2　配線の形態と使用場所

屋内配線　　　　　　　屋外配線　　　　　　移動電線

配線の例

　配線には、金属管配線や合成樹脂管配線など表2−3−1に示すような配線方法があり、施設場所の状態、使用電圧によって配線方法を選定しなければなりません。

施設場所と配線方法

配線方法 （一部のみ掲載）		施設の可否（300V 以下）							屋外・屋側	
		屋　　内								
		露出場所		いんぺい場所						
				点検可		点検不可				
		乾燥	湿気水気	乾燥	湿気水気	乾燥	湿気水気	雨線内	雨線外
金属管配線		○	○	○	○	○	○	○	○
合成樹脂管配線	CD管	b	b	b	b	b	b	b	b
	その他	○	○	○	○	○	○	○	○
ケーブル配線		○	○	○	○	○	○	○	○
ビニルキャブタイヤ ケーブル配線		○	○	○	○	×	×	a	a

〔備考〕記号の意味は、次のとおりである。
　○：施設できる。
　×：施設できない。
　a：露出場所及び点検できるいんぺい場所に限り、施設することができる。
　b：直接コンクリートに埋め込んで施設する場合を除き、専用の不燃性又は自消性のある難燃性の管又はダクトに収めた場合に限り、施設することができる。
　　　出典：JEAC8001−2022「内線規程」（3102−1表）〔（一社)日本電気協会〕を参考に作成

(2) 電線の許容電流

　電線の絶縁物の種類には、許容温度があり、それをもとに電線の太さによって許容できる電流が決められています。これを許容電流といいます。表2－3－2は600Vビニル絶縁電線（IV電線）などの許容電流を示します。なお、決められた容量以上の電流を流すと、許容温度を超えて絶縁劣化を起こし、電線の寿命が短くなり、場合によっては、火災につながることもあります。図2－3－4は、IV電線太さ1.6mm許容電流27Aのところ、70Aの電流を流した実験です。まず、電線より、煙が発生し、その後、電線の被覆が溶けだしています。その時のサーモグラフィは、327℃を示しています。

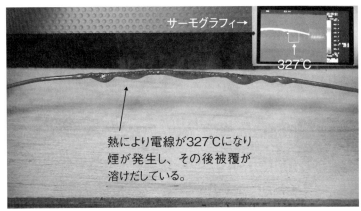

図2－3－4　許容電流以上の電流を流す実験
【通電電流70A（IV電線1.6mm、許容電流27A）】

表2－3－2　絶縁物の最高許容温度が60℃のIV電線などの許容電流

導　体（銅）			許容電流（A）	
単線、より線の別	公称断面積 (mm²)	素線数／直径 (本／mm)	IV電線	VVケーブル （3心以下）
単線	—	1.6	27	19
	—	2.0	35	24
	—	2.6	48	33
	—	3.2	62	43
	—	4.0	81	—
	—	5.0	107	
より線	2	7/0.6	27	—
	3.5	7/0.8	37	
	5.5	7/1.0	49	34
	8	7/1.2	61	42
	14	7/1.6	88	61
	22	7/2.0	115	80
	38	7/2.6	162	113
	60	19/2.0	217	150
	100	19/2.6	298	202

出典：JEAC8001－2022「内線規程」（1340－1表及び1340－2表）［(一社)日本電気協会］を参考に作成

さらに、表2-3-2の電線を金属管や合成樹脂管などに収めて配線する場合は、電線表面の熱放散が悪くなるため、許容電流は表2-3-3の電流減少係数分小さくなります。

表2-3-3 金属管配線、合成樹脂管配線などにおける電線の電流減少係数

同一管の電線数	電流減少係数
3以下	0.70
4	0.63
5又は6	0.56
7以上15以下	0.49
16以上40以下	0.43
41以上60以下	0.39
61以上	0.34

出典：JEAC8001-2022「内線規程」
(1340-2表（その2）)［(一社)日本電気協会］

(3) 電線やケーブル相互の接続

電線やケーブル相互の接続には制限があり適切な接続器具が必要です。電線相互を接続する場合の条件は電技省令で規制され、具体的にはその解釈で示されており、電気工事は電気工事士の資格を有する人でないと工事ができません。（軽微な工事※を除く。）

<電線相互を接続する場合の条件>
・電線抵抗を増加させない。
・電線の引っ張り強さを20％以上減少させない。（ジャンパー線を接続する場合は除く。）
・絶縁の効力を低下させない。
・電線の振動や揺動で接触不良を発生させない。
・雨水が浸入しないように絶縁処理をしなければならない。
・移動電線の場合は、電線の屈曲や被覆の摩擦損傷が発生しないように処理をしなければならない。

※電気工事士の資格がなくともできる工事と作業：電気工事士法では電気工事士の資格がなくとも従事できる工事と作業があります。（第6編　第2章　7　と8　電気工事士でなくともできる軽微な工事及び作業（P.279、P.280）参照）

(4) 移動電線の種類

　移動電線は建設工事現場や生産工場など過酷な場所で使用される場合が多いため、電気取扱者が作業中に感電するおそれがあります。

　安衛則第336条では、事業者は、労働者が作業中又は通行の際に接触し、又は接触するおそれのある配線で、絶縁被覆を有するもの又は移動電線については、絶縁被覆が損傷し、又は老化していることにより、感電の危険が生ずることを防止する措置を講じなければならないと規定されています。

　移動電線は、通常、コード又はキャブタイヤケーブルが使用されます。コードは絶縁被覆の種類により強度が異なり、またキャブタイヤケーブルもその外装（シース）の素材や強度により種類（図2-3-5）が分けられるため、それぞれ表2-3-4に示す通り選定する必要があります。

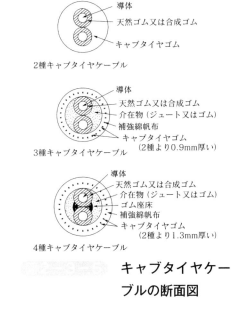

キャブタイヤケー
ブルの断面図

＜補足：ケーブル、コード、キャブタイヤケーブルの違い＞
ケーブルとは、被覆絶縁した導体をさらに保護被覆（シース）で覆った電線のことで、通常の固定配線に使用されます。（例　VVF：600Vビニル絶縁ビニルシースケーブル平形）

コードとは、主として家庭用の電気器具用として使用されるもので、大別してビニルコードとゴムコードがあります。
キャブタイヤケーブルとは、ゴムを含む絶縁体で被覆絶縁した導体を、さらに天然ゴム、合成ゴム、塩化ビニルなどで覆ったたわみ性質のある電線のことで、移動用の電気機械器具の配線に使用されます。

表2−3−4 コードとキャブタイヤケーブルの使用制限

種　類	用　途		移動電線	
			屋内	屋外・屋側
コード	ゴ　ム		○	×
	ビニル		△	×
	電熱器用		○	×
キャブタイヤケーブル	ゴ　ム	第一種	○	×
	ゴム、クロロプレン 又はクロロスルホン 化ポリエチレン	第二種	◎	◎
		第三種	◎	◎
		第四種	◎	◎
	ビニル		△◎	△◎

〔備考〕表に示した記号の意味は、次のとおりです。
　○：300V以下の低圧に限り使用できる。
　◎：300Vを超える低圧にも使用できる。
　×：使用できない。
　△：次の条件に適合するものに限って使用できる。
　　（a）放電灯、ラジオ、テレビ、扇風機、電気バリカンなど電気を
　　　　熱として使用しない小形機械器具に使用する場合
　　（b）電気毛布、電気足温器、電気温水器など高温部が露出してい
　　　　ないもので、かつ、これに電線が触れるおそれがない構造の加
　　　　熱装置（加熱装置と電線との接続部の温度が80℃以下であっ
　　　　て、かつ、加熱装置外面の温度が100℃を超えるおそれがない
　　　　もの）に使用する場合
　　（c）電線が熱的影響をうけない構造とした白熱灯スタンド
　　（d）防湿けい素ゴムコード（ガラス編組のものを除く。）を屋側
　　　　で雨露にさらされないように施設する場合
　　　　　　　　出典：JEAC8001−2022「内線規程」（3203−1表）
　　　　　　　　　　　〔（一社）日本電気協会〕を参考に作成

（5）接触電線の種類

　走行クレーン、モノレールホイスト、オートクリーナなど移動して使用する電気機械に電気を供給するためには接触電線が使用される場合があり、感電の危険もあるためその取り扱いには十分な注意が必要です。

　走行クレーンのトロリー線などの接触電線には裸線の使用が許されていますが、集電子が接触して摺動する部分以外を絶縁物で覆った絶縁トロリー（図2−3−6）やトロリーバスダクトを用いることが望ましいです。

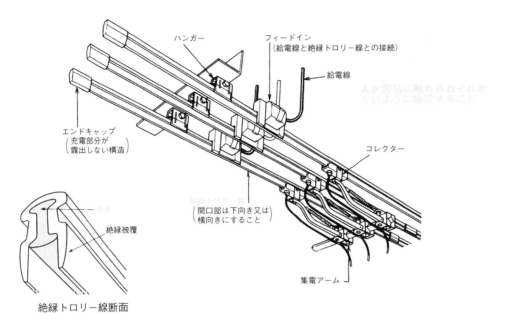

ハンガー

フィードイン
（給電線と絶縁トロリー線との接続）

給電線

人が容易に触れるおそれが
ないように施設すること

エンドキャップ
（充電部分が
露出しない構造）

コレクター

導体

絶縁被覆

絶縁トロリー線
（開口部は下向き又は
横向きにすること）

集電アーム

絶縁トロリー線断面

出典：絵とき 電気設備技術基準・解説早わかり　電気設備技術基準研究会編　平成17年改正版　株
式会社オーム社発行

図2－3－6　**絶縁トロリー線**

(6) 接地線と接地側電線の色別

　安衛則第333条では、漏電による感電の防止として漏電遮断器の設置が困難な場合で、電動機械器具の金属製外わくに接地を施す場合に接地線と電路に接続する電線との混用を防止するための措置を講ずることが定められ、その具体的な措置として、電線の色別を区別することが挙げられます。

　図2－3－7に示すとおり接地線や中性線（接地側電線）は、色による標識で区別しているため、電線の色別を覚えておく必要があります。（図2－3－8）

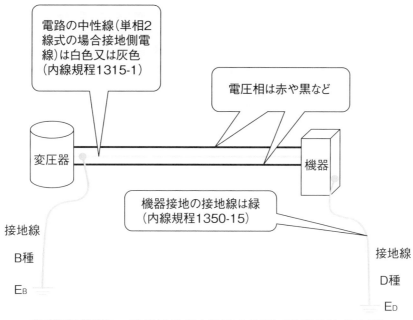

電路の中性線（単相2線式の場合接地側電線）は白色又は灰色（内線規程1315-1）

電圧相は赤や黒など

機器接地の接地線は緑（内線規程1350-15）

変圧器

機器

接地線

B種

E_B

接地線

D種

E_D

接地線及び中性線の色別（単相3線式の例）

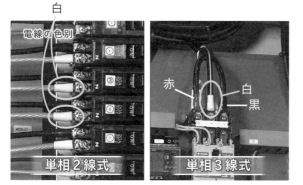
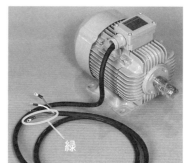

白

電線の色別

単相2線式

赤　白　黒

単相3線式

緑

図2-3-8　接地線と中性線（接地側電線）の色別

2　配線器具

(1) 開閉器類

　電路の開閉に用いる開閉器には、負荷電流を遮断できるものや無負荷で操作を行うものがあります。したがって、無負荷で操作を行う必要がある場合には、開閉器を開くとき負荷電流の有無を確認してから操作します。

①配線用遮断器

　配線用遮断器（図2-3-9）は過負荷電流や短絡電流を自動的に遮断する能力があります。

電源側・負荷側に充電部保護カバーを必ずつけること。

《必要な表示項目》
■ 用途（負荷の名称）
■ ON-OFF の別（どちら側が ON か）

保守、点検は電源を切ってから行う。

写真提供：富士電機株式会社

図2-3-9　**配線用遮断器**

②漏電遮断器

　漏電遮断器（図2-3-10）は、電源から接地への漏洩電流を検出した際に回路を遮断する配線器具であり、過負荷電流や短絡電流を自動的に遮断する機能が付いたものもあります。

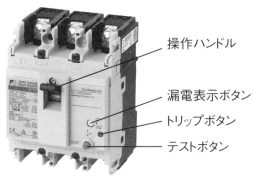

操作ハンドル

漏電表示ボタン
トリップボタン
テストボタン

写真提供：富士電機株式会社

図2-3-10　**漏電遮断器**

　ここでは、漏電遮断器の取り扱いについて触れておきます。

a. 動作テストのやり方

　使用前に必ず動作テストを行う。

　ⓐ 漏電遮断器の操作ハンドルを一度「OFF」にしてから「ON」に入れてテストボタンを押す。

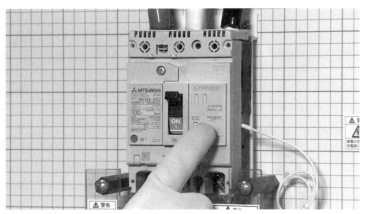

漏電遮断器のテストボタンを押す

　　ⓑ　漏電遮断器の操作ハンドルが動作して下がり「OFF」と「ON」の
　　　　中間位置になることを確認する。

b.　作業中に漏電遮断器が動作して回路が切れた場合の
　　復帰方法
　　　漏電遮断器が動作した場合は漏電表示ボタンが5
mm 程度突出する。なお、過負荷が原因で動作した場
合は、漏電表示ボタンは突出しない。

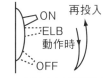

**開閉スイッチの動
作**

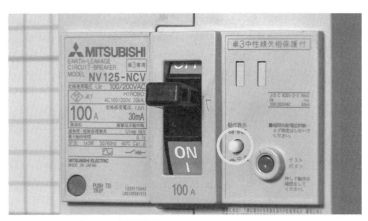

漏電表示ボタンが突出

　　ⓐ　漏電遮断器の操作ハンドルを下げて「OFF」にし、負荷側の回路を
　　　　全て切る。
　　ⓑ　絶縁抵抗計（メガー）などで原因※を調べて、漏電箇所を確認する。

────────────────────────────────────

※原因の例として、配線の絶縁不良、機器の絶縁不良、接続箇所の不良、配線への加重箇所、
　漏電遮断器の不良等があります。

ⓒ 絶縁不良の回路を特定し、切り離す。

ⓓ 絶縁不良の回路以外を「ON」にする。

ⓔ 再度、絶縁抵抗計で絶縁抵抗を測定する。

ⓕ 絶縁状態の回復が確認できたら、漏電遮断器の操作ハンドルを「ON」にする。

ⓖ 漏電遮断器が「OFF」にならず、動作していないことを確認する。

ⓗ 絶縁不良の回路は、速やかに改修する。

③ナイフスイッチ

　ナイフスイッチ（図2-3-14）は、ナイフ状の電極を、刃受け電極に差し込む形状をした開閉器です。無負荷で操作を行う必要がある器具は、開放する際、負荷電流の有無を確認してから操作します。

《露出形ナイフスイッチ》
感電やアークによる火傷の危険性が高いので使用しないこと（内線規程 1355-5）

図2-3-14　ナイフスイッチ

（2）ヒューズ

　ヒューズ（図2-3-15）も配線用遮断器と同様に過負荷電流や短絡電流を自動的に遮断する能力がありますが、遮断後にはヒューズの取り替えが必要となります。

　なお、単相3線式電路の中性線には、絶対にヒューズを取り付けないで※

※単相3線式電路は、100V及び200Vの電圧がとれる利便性を有するものの中性線が欠相となった場合、100V負荷機器へ異常電圧が加わり機器を損傷するおそれがあります。そのため、欠相とならないように中性線にはヒューズを使用せず、銅バーを使用します。

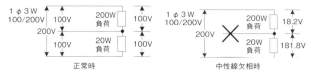

銅バーを使用して下さい。

ナイフスイッチ

ヒューズ

図２－３－１５　ヒューズ

（ヒューズ取替え時の注意点）

① 必ず停電させて行う。（ヒューズに電圧がかからないように操作ハンドルを「OFF」にする。）

② ネジの締付けは確実に行う。

③ 適正な容量（A）のものを使用する。

(3) コンセント等

　コンセントやテーブルタップ（図２－３－１６）などは、便利な接続器具ですが、タコ足配線による過熱やほこりの付着などによってトラッキング現象など思わぬ災害が発生することがあります。常時通電している電気機器は、時々プラグを抜いてほこりや湿気をふき取ったり、機器の使用後はスイッチを切ってコンセントからプラグを抜くなどの注意が必要です。

《使用上の注意点》
■ 電線にキズはないか。
■ 電線は発熱していないか。
■ 重量物で押さえつけていないか。
■ 屋外で使用していないか。
■ 定格電流をオーバーしていないか。
　（タコ足配線の禁止）
■ プラグに発熱・変色の有無などの異常
　はないか。
■ コンセントやプラグ付近に塵埃は着いて
　いないか。
　（トラッキング発生の危険）
■ プラグの差込はゆるくなっていないか。
　（接触不良による発熱）
■ 通路に設置していないか。
■ 過負荷防止機能付もある。

図２－３－１６　テーブルタップ

電工ドラム（コードリール）は、スチール製、鉄製、樹脂製などの円盤に電線がコイル状に何層にもまかれ、円盤側面に複数のコンセントが取り付けられている構造のものです。工事現場など過酷な環境で電源を確保するために使用されることが多く、その取扱いには十分注意することが大事です。

　特に電工ドラムに電線を巻いたままで大電流を流すと電線が過熱して焼損しますので、電線を巻いたままの状態では製造者が指定した電流以上流さないようにして下さい。（図2－3－17b））

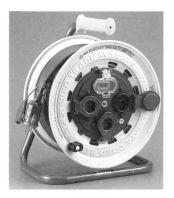

a）外観

b）注意ラベルの例

画像提供　株式会社ハタヤリミテッド

図2－3－17　電工ドラム（コードリール）

熱により、電線の被覆が溶け、充電部が接触。それにより短絡を起こし、火を噴いた状態。

図2－3－18　電工ドラムの電線を巻いたまま大電流を流す実験

（4）配線器具及び電気機器の端子と電線との接続部

　端子と電線の接続は、施工時の取付不良や経年の振動などでねじが緩むことにより、接触不良となり、過熱や焼損が発生する危険性があります。

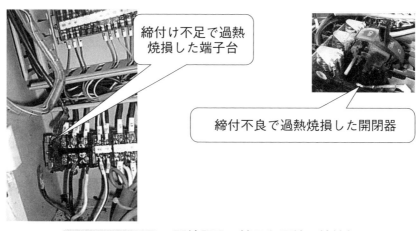

締付け不足で過熱焼損した端子台

締付不良で過熱焼損した開閉器

配線器具の端子と電線の接続部

　接続工事の留意事項としては下記のような点があります。

- 必ず停電して行う。
- ネジの締付けは確実に行う（２端子の場合、奥から締め付ける）。
- より線の場合「わらい」が生じないようにする。
- 露出充電部を最小にする（被覆をむき過ぎない）。

第4章

電気使用設備

講習のねらいとポイント

　この章では作業環境や使用条件が過酷な移動式又は可搬式の電動機器、交流アーク溶接機及びハンドランプなど感電災害を起こしがちな電気機器を例にあげて感電防止に必要な事項について学びます。

1　移動式又は可搬式の電動機械器具

　移動式又は可搬式の電動機械器具は固定式のものと比較してその使用状態が過酷な場合が多いため、電線や巻線の絶縁劣化や接続部の不良などによって感電、火災や故障になる危険が少なくありません。移動式又は可搬式の電動機械器具を取り扱う際の感電対策として次の事項があげられます。

　(1)　感電防止用漏電遮断器の使用
　(2)　二重絶縁構造の電気機器の使用
　(3)　電動機械器具外箱の接地
　(4)　非接地式電路の採用
　(5)　絶縁劣化の防止

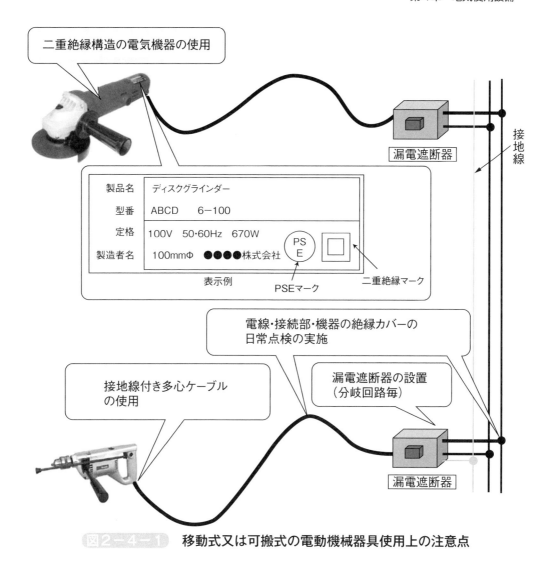

二重絶縁構造の電気機器の使用

製品名	ディスクグラインダー
型番	ABCD　　6-100
定格	100V　50・60Hz　670W
製造者名	100mmΦ　●●●●株式会社

表示例

PSEマーク

二重絶縁マーク

漏電遮断器

接地線

電線・接続部・機器の絶縁カバーの
日常点検の実施

接地線付き多心ケーブル
の使用

漏電遮断器の設置
（分岐回路毎）

漏電遮断器

図2-4-1 **移動式又は可搬式の電動機械器具使用上の注意点**

2　交流アーク溶接機

(1) 交流アーク溶接機の回路電圧

　事業者はアーク溶接機（図2-4-2）を用いて金属の溶接、溶断等の業務を労働者に携わらせる場合は特別教育を受けさせなければならないと安衛則第36条に規定されています。

　交流アーク溶接機の回路電圧は、一般的に入力側は200Vで出力側は無負荷時で85～95Vです。感電は無負荷時に溶接棒ホルダの充電部や溶接棒の心線に触れることが原因で多く発生しています。

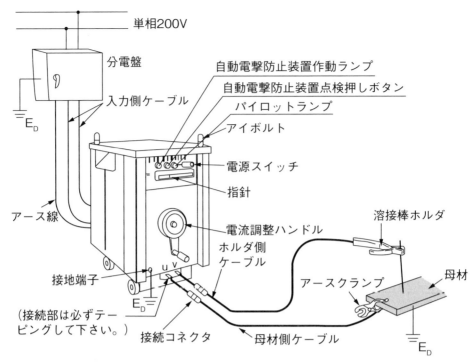

単相200V

分電盤

入力側ケーブル

自動電撃防止装置作動ランプ

自動電撃防止装置点検押しボタン

パイロットランプ

アイボルト

電源スイッチ

指針

E_D

アース線

溶接棒ホルダ

電流調整ハンドル

ホルダ側ケーブル

母材

接地端子

E_D

アースクランプ

（接続部は必ずテーピングして下さい。）

接続コネクタ

母材側ケーブル

E_D

（注）溶接機の接地端子は分電盤で接地が取られている場合は省略してもよい。

交流アーク溶接機

（アーク溶接作業における主な災害・障害事例）

- 感電による災害
- 溶接時に発生するガスなどによる呼吸器・中枢神経系統の障害
  （溶接ヒューム用防じんマスク RL 2クラスの取替式を使用するようにして下さい。）
- アーク光による眼・皮膚の障害
- スパッタ※・スラグによる眼・皮膚の障害

（主な災害防止対策）

- 溶接作業の中断や溶接棒を取替える際には電源を OFF にする。
- 「交流アーク溶接機用自動電撃防止装置」内蔵の交流アーク溶接機の使用
- 破損していない溶接棒ホルダの使用
- 保護帽、防じんマスク、保護面、乾いた溶接用革製保護手袋及び安全靴（ゴム底）の着用
- 単独作業の禁止

※　溶接作業時の溶けた金属が飛散して粒状に固まったもの。

（2）交流アーク溶接機用自動電撃防止装置

　被覆アーク溶接棒を使用する交流アーク溶接では、一般的に溶接機の無負荷電圧が溶接休止中も出力されているので、その取扱いに注意が必要です。

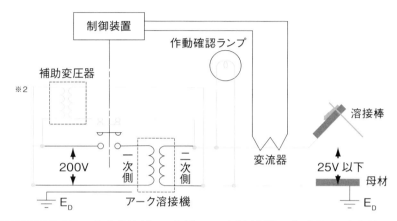

制御装置

作動確認ランプ

補助変圧器
※2

溶接棒

200V　一次側　二次側

変流器

25V 以下

母材

E_D　アーク溶接機

E_D

図2-4-3　入力側制御の交流アーク溶接機用自動電撃防止装置[※1]

　そのため安衛則第332条では、著しく狭あいなところ又は墜落により労働者に危険を及ぼすおそれのある高さが2m以上の場所で作業を行う時など、自動電撃防止装置の取付けが義務付けられています。また、自動電撃防止装置は構造規格[※2]が規定されています。

　この装置はまず入力側に電源が接続されると溶接機は待機状態となり、防止装置の主回路が開いていて、溶接機の出力端子には制御回路による安全電圧が供給されています。

　次に溶接棒を被溶接物に接触させると、制御回路の動作によって主回路が閉ざされ、高い無負荷電圧が供給され、アークが発生し溶接を行うことができます。

　溶接棒を離しアークが切れて電流が零になると、溶接機無負荷電圧が発生し、1秒程度の遅動時間の後、制御回路の動作によって再び主回路が開かれ、溶接機の出力端子電圧が安全電圧の値まで低下します。

※1　図2-4-3において緑色の回路は溶接棒が母材に触れていない時に補助変圧器の作動確認ランプを点灯させ、低い電圧が印加されている事を知らせて溶接可能かどうか判断させる回路です。

※2　昭和47年12月4日労働省告示第143号（第6編　第2章　1　交流アーク溶接機用自動電撃防止装置構造規格（P.253）参照）

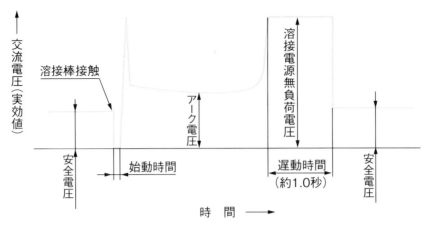

出典：JIS C 9311　交流アーク溶接電源用電撃防止装置　解説

図2−4−4　交流アーク溶接機用自動電撃防止装置の動作

　自動電撃防止装置は、検定に合格したものを使用し、6ヵ月以内ごとに定期自主検査を行う必要があります。

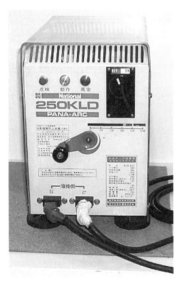

a）外　観

b）内部構造

写真提供：中央労働災害防止協会安全衛生情報センター

図2−4−5　自動電撃防止装置内蔵型のアーク溶接機の例

（3）溶接棒ホルダ

　溶接棒ホルダは、感電の危険がないよう導電部分が絶縁物で被覆されていますが、使用中に溶接棒が短くなるとアークの高熱によって絶縁物が焼損し、欠損や脱落して充電部が露出して危険な状態となります。

（4）アースクリップ

　アースクリップは、溶接母材に大電流を流すために用います。母材表面の汚れを落として確実に取り付けます。確実に取り付けない場合、アークが発生しにくく、溶接棒と母材間に無負荷電圧が発生し危険です。アースクランプを使用するとより確実に取り付けができます。

　溶接棒ホルダやアースクリップを取り扱う際、留意すべき事項は次のとおりです。

- 使用前点検を確実に行う。
- 溶接棒ホルダの破損・不良による感電に注意する。
- アークによる絶縁部の焼損に注意する。
- ケーブルがアークで焼損しないよう注意する。
- 溶接電流に応じた太さの溶接用ケーブルを使用する。
- アースクリップやクランプは母材表面の汚れを落とし確実に取り付ける。

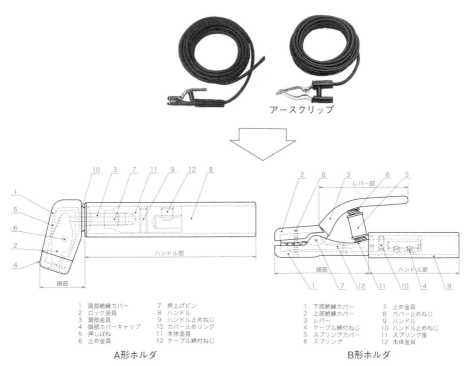

アースクリップ

	A形ホルダ		B形ホルダ
1	頭部絶縁カバー	1	下部絶縁カバー
2	ロック金具	2	上部絶縁カバー
3	頭部金具	3	レバー
4	頭部カバーキャップ	4	ケーブル締付ねじ
5	押しばね	5	スプリングカバー
6	止め金具	6	スプリング
7	押上げピン	7	止め金具
8	ハンドル	8	カバー止めねじ
9	ハンドル止めねじ	9	ハンドル
10	カバー止めリング	10	ハンドル止めねじ
11	本体金具	11	スプリング座
12	ケーブル締付ねじ	12	本体金具

出典：JIS C 9300-11：2008 アーク溶接装置—第11部：溶接棒ホルダ

図2－4－6　溶接棒ホルダ

参考：アーク溶接機の二次側電線の太さ

二次電流 （A）	溶接用ケーブル 又はその他のケーブル （mm²）
100以下	14
150以下	22
250以下	38
400以下	60
600以下	100

（備考）定格使用率が50％の場合を示す。
出典：JEAC8001 − 2022「内線規程」（3330 − 2 表）
　　　［(一社)日本電気協会］

3　移動用の照明器具

　移動用の照明器具は固定式のものと比較して使用状態が過酷な場合が多く、感電災害を起こす場合が少なくありません。次のようなことに注意して使用しましょう。

■ 感電防止用漏電遮断器が取り付けられた回路やコンセントで使用する。
■ 100V用のものでも感電する例が多いので取り扱いには十分注意する。
■ 破損防止のためガードを必ず取り付けて使用する。
■ 電球の表面は高温になるので火傷や火災に注意する。
■ 電球の割れたガラスで手を切ったり、電球のフィラメントの露出で感電するおそれがあるので注意する。

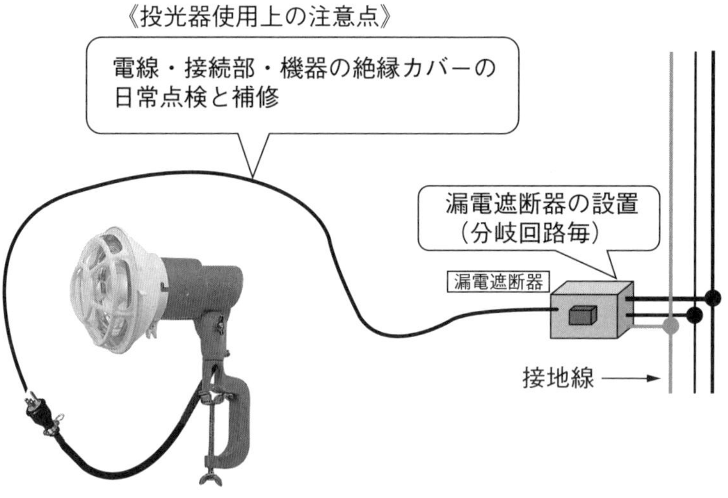

《投光器使用上の注意点》

電線・接続部・機器の絶縁カバーの
日常点検と補修

漏電遮断器の設置
（分岐回路毎）

漏電遮断器

接地線 →

写真提供：岩崎電気株式会社

図2−4−7 投光器など移動用の照明器具使用上の注意点

第5章

保守及び点検

講習のねらいとポイント

　この章では低圧電気設備の保守及び点検を行うに当たって設備や機器が原因で起きた過去の災害事例など、承知しておくべき事項について学習します。

1　予防保全と事後保全

　感電災害を防止するためには、過去に発生した事故事例を学習するとともに普段から適切な保守点検が欠かせません。

　予防保全とは使用中の設備や機器の故障の発生を未然に防止するための保全方法です。それに対して事後保全とは設備や機器の故障が発生した都度、修理や交換を行う保全方法です。設備や機器が原因で発生した際の被害を考慮すると故障発生前に計画的な修理や交換を行うことが大切です。毎年発生する災害のほとんどは過去に発生した災害であることから、低圧電気設備の予防保全のポイントは、過去の事例を詳細かつ広範囲に調査することが大事です。

　次の項目を参考に予防保全に役立てて下さい。

- 災害の原因となった設備や機器
- どのような状態で災害になったか
- 災害頻度の高い設備
- 災害を防止する対策

《予防保全》

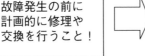

予防保全とは、
故障発生の前に
計画的に修理や
交換を行うこと！

■ 設備不良による感電等の災害を未然に
防止し、安全性が向上

■ 計画的停止により生産活動への影響が
少なくできる。

■ 工事費用が抑制できる。
（部品・材料の調達や計画的作業の実
施により作業時間の短縮と人件費の抑
制等）

■ 計画的作業の実施で安全作業が確立で
きる。
（作業手順・作業工法・必要な安全対策）

■ 関係箇所への周知など、必要な事前
チェックが徹底できる。

■ 設備の延命化が図れる。

図2－5－1　予防保全

《事後保全》

事後保全とは、
故障の発生の都度
修理や交換を行う
こと！

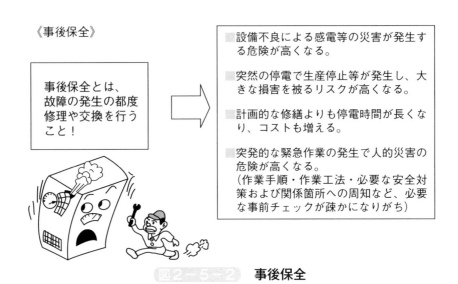

■ 設備不良による感電等の災害が発生す
る危険が高くなる。

■ 突然の停電で生産停止等が発生し、大
きな損害を被るリスクが高くなる。

■ 計画的な修繕よりも停電時間が長くな
り、コストも増える。

■ 突発的な緊急作業の発生で人的災害の
危険が高くなる。
（作業手順・作業工法・必要な安全対
策および関係箇所への周知など、必要
な事前チェックが疎かになりがち）

図2－5－2　事後保全

2　点　検

　電気設備の点検には目視点検と測定による点検があります。目視点検は
最低限度の点検であり正確な点検には測定器具を使った点検が必要です。

(1) 点検の種類

　① 日常点検……運転中の電気設備を目視などで点検し、周囲も確認す
　　　　る。

　　　　　　万が一、異常を発見した際は臨時点検に切り替える。
② 定期点検……一定期間ごとに電気設備をとめて、目視や測定機器な
　　　　　　どで点検・測定を行う。
③ 精密点検……長期間の周期で機器などを分解して点検を行い、機器
　　　　　　の機能については、測定器具を用いて試験・調整を行
　　　　　　う。
④ 臨時点検……電気事故が発生した時、または異常が発生するおそれ
　　　　　　があると判断した時に行う。

(2) 点検器具の整備（推奨）

電気は目に見えないため測定器による点検は特に重要です。
各種測定器の校正試験は定期的に実施してください。

- 低圧検電器
- クランプメーター
- 回路計（テスター）
- 絶縁抵抗計（メガー）
- 接地抵抗計
- 放射温度計
- 相回転計

図2-5-3　低圧検電器

図2-5-4　クランプメーター

図2-5-5　回路計（テスター）

図2-5-6　絶縁抵抗計（メガー）

図2-5-7 接地抵抗計

図2-5-8 放射温度計

図2-5-9 相回転計（検相器）

（3）チェックリストの作成（具体的一例は表2-5-1参照）

　点検を実施する際には、設備に合わせたチェックリストを作成して項目ごとに忠実にチェックすることが大切です。

- 点検の実施対象として、電気設備の危険を見逃さない。
- 実施結果をもとに確実に迅速に改善する。
- 点検の万全を期するため、適切な<u>チェックリスト</u>を利用する。

《点検実施に当たって》
- ●点検項目別の危険ポイントと、その対策の記載
- ●機器毎の点検時の注意事項の記載
- ●機器毎の前回点検時の結果等、必要事項の記載

表２－５－１　チェックリストの一例

(1) 屋外配線

項　　目	点検のポイント
引込線	a) 電線やケーブルの被覆や外装が傷んでいないか。
	b) 架空線は、著しくたるんでいないか。
	c) 屋根、看板、樹木、電話線、アンテナ、煙突等との離隔距離は、規定通りに保たれているか。
	d) 木柱や家付の腕木等の補助支持物の腐食や脱落はないか（特に地際の腐食状態に注意が必要）。また、引込線取付点は堅固か、がいしに異常はないか。
	e) 腕木類（槍出し腕木）が腐食したり、傾いたりしてはいないか。
引込口配線及び幹線部分	a) 引込線との接続点のテープ巻は確実か。
	b) ケーブル配線の場合
	①ケーブルの外装が傷んだり、傷ついたりしていないか。
	②サドルや木ネジが腐食してケーブルがはずれてはいないか。
	③他のものによって押し付けられているところはないか。
	c) 金属管配線の場合
	①管は著しく腐食してはいないか。
	②接続部（管相互及び管と附属品との間）がたるんだり、外れたりしてはいないか。
	③管端のエントランスキャップ、サービスキャップ、ウエザーキャップ等は確実に取り付けられているか、また、電線保護用の絶縁物（ブッシング）は、抜け出したり破損してはいないか。
	④接地線は確実に取り付けられているか又は断線してはいないか。
	⑤サドルや木ネジが腐食して管自体が外れているようなことはないか。
	⑥木造建物の場合、メタルラス、ワイヤラス、トタン等の金属類との絶縁は確実か。（絶縁強化用のがい管類の破損や移動はないか。）
	d) 合成樹脂管配線の場合
	①接地工事関係を除き、金属管工事の場合に準ずるほか、管が押圧され、つぶされたところや、折られたところがないかなど注意する。
その他	a) 屋外灯の器具や点滅器は、破損したり、外れて垂れ下がってはいないか。
	b) 点滅器への引き下げ線は、被覆が傷んだり、裸になってはいないか。

(2) 屋内配線及び屋側配線

項　　目	点検のポイント
配線全般	a) 配線や機器が施設場所に応じた工事方法（設置方法）によって設置されているか。
	b) 一般の人による不安全な増設工事や、模様替え工事、コード引配線など不適合な配線や機器の施設はないか。
配電盤・分電盤	a) 開閉器や、配線用遮断器に破損したものがないか。
	b) 接触不良、端子ネジのゆるみや、締付不完全による過熱などはないか。（導電部分の変色、においなどによって判定できる。）
	c) ヒューズ容量が過大なものや、針金などに取替えられてはいないか。

(3) 配線一般

項　　目	点検のポイント
金属管及び金属線ぴ配線	a) 管や線ぴが著しく腐食していないか。
	b) 管や線ぴ相互、管や線ぴとボックス等附属品との接続部がたるんだり、外れたりしていないか。
	c) 管や線ぴの終端に取り付けられたターミナルキャップ、エンド、絶縁ブッシングなどがたるんだり外れたりしていないか。又これらに取り付けられた絶縁物が破損したり、抜け出したりしてはいないか。
	d) 管や線ぴが外れてはいないか。（木ネジやサドルが腐食し、或いは木ネジやパイラック等が抜け出し又は外れている場合がある。）
	e) ボックス類のふたが外れてはいないか。（外れたところへ塵埃や水分などの入ったものがある。）
	f) 接地線の取付部分がゆるんだり、外れたりしてはいないか、また、接地線が断線し又は途中で切り取られたりしてはいないか。
	g) 管や線ぴとメタルラス、ワイヤラス金属板等との絶縁方法に異状はないか。
ケーブル配線	a) ケーブルが傷ついたり、他の物によって押しつぶされてはいないか。
	b) サドル木ネジ又はステップルが腐食又は外れてケーブルが垂れ下がってはいないか。
	c) ケーブルの保護又は絶縁強化の目的で装置したがい管や合成樹脂管が破損したり、移動してはいないか、特に金属体を貫通している箇所に注意が必要。
	d) ジョイントボックスのふたが外れていないか。

合成樹脂管配線	a) 管がつぶれたり、管相互や管とボックス等附属品との接続部がたるんだり、外れたりしてはいないか。
	b) 木ネジの腐食、サドルの外れなどにより、管の取付けが外れてはいないか。
	c) ボックスが破損したり、ふたが外れてはいないか。また、ふたが外れている場合、内部に湿気や塵埃がたまってはいないか。
配線器具・照明器具等	a) 開閉器、点滅器、コンセントなど破損したもの、機構の不良なもの、カバーの破損したものや、外れたものはないか、又はこれらの電線との接続（端子ネジの締付部など）がゆるんでいるものはないか。
	b) 照明器具、放電灯用の安定器などの脱落したものはないか。（器具が外れて心線や口出し線でぶら下がっているものがある。）
	c) コード類は、使用場所、使用電圧、使用方法等に応じたものが使用されているか。（土足で踏み歩く土間で普通のビニルコードが使用されている場合がしばしば見受けられる。）また、被覆や外装の損傷したものはないか。
	d) 白熱電灯用コードペンダントにビニルコードが使用されている場合、電技省令及び解釈の条件を満たしているか。（電技解釈 第170条）また、ソケット口出し部でコードの被覆がめくれ上がり、心線が露出しているものはないか。スリムライン等の管灯回路の配線をビニルコードなどを用いて柱や壁にステップルで直付けしたものはないか。
	e) ネオン管灯回路の配線でコードサポートやチューブサポートが破損したり、外れたりして電線や放電管が造営材や、取付わくなどに接触してはいないか。
	f) がい管が破損したり、移動してはいないか。
	g) ガラス細管工事の部分でガラス管が折れたり、割れたりしてはいないか。
	h) 金属製電灯器具、蛍光灯や水銀灯用安定器、ネオン変圧器等と木造造営材に張られたメタルラス、ワイヤラス等との離隔（絶縁）は確実にされているか。
	i) 手元開閉器や電磁開閉器などの開閉部分や接点が摩耗して、接触不良となり過熱変色してはいないか。また、ふたやカバー類が破損したり外れてはいないか。
	j) 電動機、溶接機、その他電気使用機器類の端子と配線との接続部分のテープ巻きがはがれたり、ビスやナットの締付がゆるんだりしてはいないか。 また、金属管や可とう電線管配線との接続部で、管が外れ（ぬけ出し）あるいは電線が露出し被覆が傷ついてはいないか。
	k) 金属製開閉器、電動機、溶接機、放電灯用安定器（ネオントランスを含む）など金属製外箱の接地線が外れたり、断線してはいないか。

出典：保守技術員テキスト（東京都電気工事工業組合）を参考に作成

第 3 編

低圧用の安全作業用具に
関する基礎知識

第1章

絶縁用保護具、絶縁用防具等

> **講習のねらいとポイント**
>
> 　この章では電気設備の点検、修理などの作業時に身につける絶縁用保護具、活線作業や活線近接作業時充電電路に装着する絶縁用防具、その他活線作業用器具等について学習します。

1　絶縁用保護具

　安衛則第346条（低圧活線作業）には、事業者は低圧の充電電路の点検、修理など充電電路を扱う場合において感電の危険が生ずるおそれのあるときは、作業者に絶縁用保護具を着用させなければならないと規定されています。

　絶縁用保護具とは電気設備の点検、修理などの作業において露出充電部分を取り扱うときに、感電を防止するために身体に着用するものをいい、電気用保護帽、絶縁用ゴム手袋、絶縁用ゴム長靴、絶縁衣などがあります。（表3－1－1）

　また、絶縁用保護具の構造、絶縁性能等については労働省告示「絶縁用保護具等の規格※」に規定されています。

　なお、検定マークがついていて、6ヵ月以内ごとに定期自主検査（安衛則第351条）を受けたものを使用しなければなりません。（図3－1－1）

図3－1－1　絶縁用保護具の検定マーク（例）

※昭和47年12月4日労働省告示第144号（第6編　第2章　3　絶縁用保護具等の規格（P.265）参照）

表3－1－1　絶縁用保護具の種類

品名	使用目的	使用上の注意事項
電気用保護帽	頭部を感電や機械的衝撃から保護をするために使用する。作業内容によって機能や構造が異なる。	使用前点検（安衛則第352条）を行い、異常を認めたときは、直ちに補修又は取りかえる。 【点検方法】 (a) 亀裂はないか。 (b) ヘッドバンドは切れていないか。 (c) あごひもが損傷していないか。 (d) 頭頂部のすきま（衝撃吸収ライナーとハンモックとの間）が、狭すぎないか。 【使用上の注意】 ■ 真っ直ぐにかぶり、あごひもを完全に締め、余分なひもはあごの部分であごひもの下にはさみ込む。 ■ 乱暴に取り扱ったり投げ出したりしない。 ■ 腰掛けの代用としない。 ■ よごれを除去する場合には、シンナー、ガソリンなどの有機溶剤を使用しない。
絶縁用ゴム手袋	活線作業及び活線近接作業時に手や腕からの電気の流入、流出を防ぐために使用する。	使用前点検（安衛則第352条）を行い、異常を認めたときは、直ちに補修又は取りかえる。 【点検方法】 (a) 全体を見てひび割れや傷、オゾン亀裂[※1]などはないか。 (b) 部分的に引っ張り、特に指先、指と指との間の傷がないか。 (c) 空気試験[※2]により、ピンホール（図3－1－3）や切り傷などがないか。 (d) 保護手袋の縫い目がとけたり、破れたりしてないか。 【使用上の注意】 ■ 自分の手に合うものを使用する。 ■ 袖口を折り返して使用しない。 ■ 持ち運ぶ時は、収納袋に入れる。 ■ 損傷を防止するため、材料や工具などと混在させない。 ■ 絶縁用ゴム手袋（高圧用）の上には必ず保護手袋をはめて使用する。
絶縁用ゴム長靴	活線作業及び活線近接作業時に絶縁用ゴム手袋と併用して足からの電気の流入、流出を防ぐために使用する。	使用前点検（安衛則第352条）を行い、異常を認めたときは、直ちに補修又は取りかえる。 【点検方法】 (a) 内面、外面の全体を見てひび割れ、オゾン亀裂や突起物による切り傷などがないか。 (b) かかと部分の著しい型くずれと接着部のはがれがないか。 (c) 空気試験[※2]により、ピンホールや切り傷などがないか。

		(d) ひどい汚れがないか。 【使用上の注意】 ■ 自分の足に合うサイズのものを使用する。 ■ 活線作業及び活線近接作業の開始直前に履く。 ■ ズボンの裾は長靴の中に入れる。 ■ 突起物を踏んだり、引っかけないように注意する。 ■ 折り返して使用しない。 ■ 持ち運ぶ時は、収納袋に入れる。 ■ 損傷を防止するため、材料や工具などと混在させない。
絶縁衣 	活線作業及び活線近接作業時に絶縁用ゴム手袋と併用して、腕や肩からの電気の流入、流出を防ぐために使用する。	使用前点検（安衛則第352条）を行い、異常を認めたときは、直ちに補修又は取りかえる。 【点検方法】 (a) 絶縁衣の表裏をよく見てひび割れ、亀裂や切り傷などがないか。 (b) 止めボタン、縛りひも、ファスナーなどがしっかりと機能するか。 (c) 著しい形くずれや汚れがないか。 【使用上の注意】 ■ 袖口より手を通して着用し、止めボタンやファスナー、縛りひもなどで止める。 ■ 袖口は折り曲げず、絶縁用ゴム手袋の袖口と重ねて使用する。 ■ 電線の端末などの先端で傷を付けないように注意する。 ■ 持ち運ぶ時は、収納袋に入れる。 ■ 損傷を防止するため、材料や工具などと混在させない。

※1 オゾン亀裂：オゾン亀裂とは、排気ガスなどにより大気中のオゾン濃度が高くなっているため、ゴム製品をその中に長くさらすと伸びる部分やひずみのある部分に亀裂が生じることをいう。オゾン濃度が高いと亀裂の発生も早い。

※2 空気試験：袖口や履き口より巻き込んで、手首や足首あたりで止め、膨らんだ部分を押し、空気漏れやピンホールの有無を調べる。（図3−1−2）

 図3−1−2　空気試験の方法

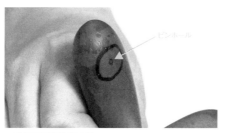

図3-1-3　ピンホール（例）

2　絶縁用防具

　安衛則第347条（低圧活線近接作業）には、事業者は低圧の充電電路に近接する場所で電路又はその支持物の敷設、点検、修理等の電気工事の作業を行う場合、作業者が充電電路に接触することによって感電の危険が生ずるおそれがあるときは、充電電路に絶縁用防具を装着しなければならないと規定されています。

　絶縁用防具は、活線作業や活線近接作業において作業箇所付近の充電されている電路、電気機器などの充電電路に装着し、作業者の感電を防止するもので、ゴム絶縁管、絶縁シート、がいしカバーなどがあります。（表3-1-2）

　また、絶縁用防具の構造、絶縁性能等については絶縁用保護具同様、労働省告示「絶縁用保護具等の規格※」に規定されています。

　なお、検定マークがついていて、6ヵ月以内ごとに定期自主検査（安衛則第351条）を受けたものを使用しなければなりません。

表3-1-2　絶縁用防具の種類

品名	使用目的	使用上の注意事項
ゴム絶縁管	充電電路に接触又は近接して作業する場合や作業中異相間又は高低圧部分が混触するおそれのある場合に使用する。	使用前点検（安衛則第352条）を行い、異常を認めたときは、直ちに補修又は取りかえる。 【点検方法】 内面、外面にひび割れや傷、オゾン亀裂などはないか。特に内面はよく開いて電線の端末などによる切り傷がないかを調べる。 【使用上の注意】 ■ 充電部に取り付けたゴム絶縁管を上から押したり、引いたり、圧力をかけた

※昭和47年12月4日労働省告示第144号（第6編　第2章　3　絶縁用保護具等の規格（P.265）参照）

		りする場合は、絶縁シートをかぶせ二重防護とする。 ■ 持ち運ぶ時は、収納袋に入れる。 ■ 損傷を防止するため、材料や工具などと混在させない。
絶縁シート 	活線作業や活線近接作業で接続部、端子部や突起部の露出充電部の防護又は二重防護のためにゴム絶縁管の上から重ねて使用する。	使用前点検（安衛則第352条）を行い、異常を認めたときは、直ちに補修又は取りかえる。 【点検方法】 (a) 表裏をよく見てひび割れや傷、オゾン亀裂などがないか。 (b) 軽く引っ張って亀裂、切り傷などないか。特に内面の折曲部の突起物による切傷がないかを調べる。 【使用上の注意】 ■ 充電作業中、接地面と絶縁して、人体が誤って通電経路とならないように使用する。 ■ 持ち運ぶ時は、収納袋に入れる。 ■ 損傷を防止するため、材料や工具などと混在させない。

3 活線作業用器具等

　安衛則第347条（低圧活線近接作業）には、事業者は低圧の充電電路に近接する場所で電路又はその支持物の敷設、点検、修理等の電気工事を行う場合、絶縁用防具の装着又は取り外しの作業を作業者に行わせるときは、作業者に絶縁用保護具を着用させ、又は活線作業用器具を使用させなければならないと規定されています。

　活線作業用器具は、手に持つ部分が絶縁材料で作られた棒状の絶縁工具で、高圧カットアウト操作棒、絶縁共用棒の先端に各種のアタッチメント（ペンチ・ドライバーなど）を取り付けて各種の作業が可能な機能を有する間接活線用操作棒（ホットスティック）などがあります。（図3-1-4）

図3-1-4　ホットスティックの写真

　そのほかに作業者が乗って活線作業をするための活線作業用装置があります。代表的なものとしては、対地絶縁を施した「高所作業車」などがあります。バケットなどの絶縁台に乗って作業する場合においても作業者は絶縁用保護具を着用する必要があります。（図3－1－5）

　活線作業用器具等の耐電圧性能などについても労働省告示※で規定されています。

　その他「絶縁はしご」もあります。FRP樹脂などの電気絶縁材料で作られたもので、配電線路の工事などで昇降用として使用します。（図3－1－6）

図3－1－5　高所作業車

図3－1－6　絶縁はしご

※昭和47年12月4日労働省告示第144号（第6編　第2章　3　絶縁用保護具等の規格（P.265）参照）

絶縁用防護具

講習のねらいとポイント

この章では絶縁用防具とは使用目的が異なる絶縁用防護具について学習します。

1　絶縁用防護具

　安衛則第349条（工作物の建設等の作業を行なう場合の感電の防止）には、事業者は、架空電線又は電気機械器具の充電電路に近接する場所で、工作物の建設、解体、点検、修理、塗装等の作業若しくはこれらに附帯する作業又はくい打機、くい抜機、移動式クレーン等を使用する作業を行なう場合において、作業者が作業中又は通行の際に、充電電路に身体等が接触し、又は接近することにより感電の危険が生ずるおそれのあるときは、当該充電電路に絶縁用防護具を装着することとされています。（図3－2－1）

図3－2－1　絶縁用防護具

　絶縁用防護具とは、架空電線又は電気機器の充電線路近くで建設足場の組立・解体作業などを行う場合、くい打機や移動式クレーンなどを使用する作業を行う場合に作業従事者の感電災害防止及び充電電路を保護するために充電電路に装着される絶縁性の防具です。絶縁用防具とは耐電圧性能が異なるため、使用する時は混同しないように注意が必要です。その構造、材質等については労働省告示「絶縁用防護具の規格※」に規定されています。

　既に電路等に取り付けられている絶縁用防護具で長期に設置されている場合は、損傷などを受け絶縁性能が低下している場合があり、触れると感電のおそれがあります。

　電気事業者が所有する架空電線等の近くでクレーンや工場用足場を使用する場合は、事前に協議して取り付けてください。

図3－2－2　絶縁用防護具の装着例

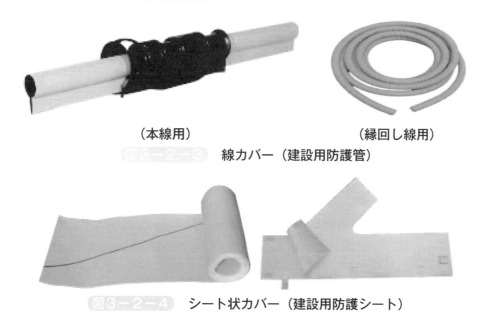

（本線用）　　　　　　　　　　　（縁回し線用）
図3－2－3　線カバー（建設用防護管）

図3－2－4　シート状カバー（建設用防護シート）

※昭和47年12月4日労働省告示第145号（第6編　第2章　4　絶縁用防護具の規格（P.265）参照）

検 電 器

講習のねらいとポイント

　この章では電路が停電しているか活線であるかを確認するための検電器の種類と使用上の注意事項について学習します。

　安衛則第339条（停電作業を行なう場合の措置）には、事業者は、電路を開路して、当該電路又はその支持物の敷設、点検、修理、塗装等の電気工事の作業を行なうときは、当該電路を開路した後に、電路が高圧又は特別高圧であったものについては、検電器具により停電を確認する措置を講じなければならないと規定されています。

　しかし、低圧電路であっても検電作業を怠って死傷事故が起こることが多いため、必ず検電作業を行うことが大切です。

1　電池内蔵式検電器

　電池内蔵式検電器は最近よく使われている検電器で、人体を介して大地に流れる微弱電流を内部の増幅回路で増幅して、ブザーを鳴らしたり発光ダイオードを発光させたりする方式のものです。この方式は増幅回路の増幅感度によって、例えば、低圧電路が停電していても、近傍に高圧電路がある場合には、あたかも活線であるかのように誤動作するおそれがあり、メーカの示す仕様に従って使用することが大切です。（図3－3－1）

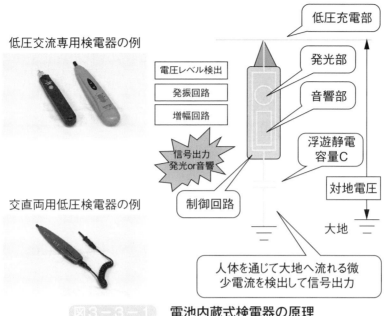

低圧交流専用検電器の例

交直両用低圧検電器の例

図3−3−1　電池内蔵式検電器の原理

2　ネオン発光式検電器

　ネオン発光式検電器はネオン管の発光で充電の有無を確認する検電器で、充電部分に接触させるとネオン管（ネオンランプ）が発光する原理を利用した検電器です。

　ネオン管の微弱な放電電流が身体を介して大地に流れることによって、回路が構成されるため、検知部を電路の充電部に接触させる必要があり、破損したものを使用すると大変危険なため、注意が必要です。

　また、電線の被覆の上からの検電はできません。（図3−3−2）

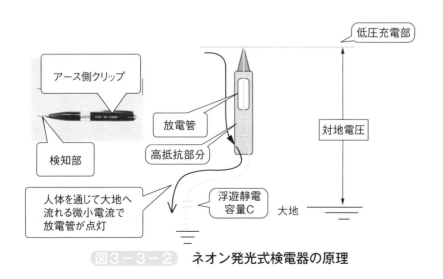

図3−3−2　ネオン発光式検電器の原理

3　検電器の選定

　検電器には低圧用・高圧用や直流用・交流用など使用電圧や対象用途に応じて様々な種類のものがあります。したがって、検電は使用する現場の特性に合わせて選定する必要があります。（図3-3-3）

検電器の例

4　検電器使用上の注意事項

　検電器は、作業者の生命を守る大切なものです。常に保管や取扱いを丁寧に行い、使用する前には外観並びに音響や点灯確認をして、不備がある場合は直ちに正常に動作するものに交換してください。
＜使用前点検のチェック事項＞

① 目視により検電器の破損・汚れ・傷・ひび等の有無を確認する。
② 電池内蔵式検電器は、内蔵の電池によって動作するため、電池残量や正常に発音・発光することを、テストボタンで確認する。
③ 検電器の検出動作が正常かどうか、検電器チェッカーによって確認する。
④ 対象の電路に検電器の仕様が適合しているか確認する。
　※高圧用の検電器で低圧を検電してはいけない。その逆も不可。
　※直流電路やコンデンサの残留電荷などは、交流専用の検電器では検出できないので、必ず交直両用検電器などの直流電路が検電できるものを用いる。
⑤ 検電は必ず各相について行う。

＜使用時の注意事項＞

① 電線の被覆の上から検電する時は、検知部の当て方によって動作状態が鈍くなるので注意する。（図3－3－4）

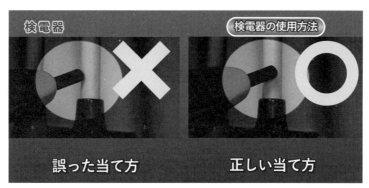

図3－3－4　検電する時の注意

② 中性線のあるケーブルを検電する時は、ケーブルの周囲を複数の方向から検電する必要がある。（図3－3－5）

図3－3－5　中性線のあるケーブルの検電

③ より線を検電する時は、ケーブルの上を左右にスライドさせて検電する。

④ 露出充電部に接近する場合は、必ず絶縁用ゴム手袋を着用する。

＜検電器の管理＞

① 検電器の内蔵電池は使用していなくても電池単体の自然放電があるので、定期点検の時にチェックし、残量が低下している場合は電池を交換する。

② 検電器の動作確認や使用後は電源を OFF する。

第4章

その他の安全作業用具

講習のねらいとポイント

この章ではその他の安全作業用具として墜落制止用器具、短絡接地器具などについて学習します。

1 墜落制止用器具

墜落制止用器具は高所作業を行う場合、墜落を制止して作業者の安全を保持するために使用します。

安衛則第518条（作業床の設置等）では、事業者は、高さが2m以上の箇所で作業を行なう場合において墜落により労働者に危険を及ぼすおそれのあるときは、足場を組み立てる等の方法により作業床を設けるか、設けることが困難なときは、防網を張り、労働者に墜落による危険のおそれに応じた性能を有する墜落制止用器具（要求性能墜落制止用器具）を使用させる等墜落による労働者の危険を防止するための措置を講じなければならないと墜落制止用器具の使用を求めています。また、安衛則第519条では、事業者は、高さが2m以上の作業床の端、開口部等で墜落により労働者に危険を及ぼすおそれのある箇所には、囲い、手すり、覆い等を設けるか、設けることが困難なときは、労働者に要求性能墜落制止用器具を使用させる等墜落による労働者の危険を防止するための措置を講じなければならないと規定しています。

安衛令の改正により、高所作業において長年使用されてきた安全帯の名称が「墜落制止用器具」に変更されました。（法令用語としては「墜落制止用器具」となりますが、従来からの呼称である「安全帯」等の用語を使用することは差し支えありません。）

なお、墜落制止用器具として認められるのは「フルハーネス型（一本つり）」と「胴ベルト型（一本つり）」となります。従来の安全帯に含まれていた「柱上用安全帯（U字つり胴ベルト型）」はワークポジショニング用器具となり、柱上作業などでワークポジショニング用器具を使用する場合

には、墜落制止用器具を併用することが必要となります。

　安衛則の改正により、高さが2m以上の箇所であって作業床を設けることが困難なところにおいて、墜落制止用器具のうちフルハーネス型のものを用いて行う作業に係る業務（ロープ高所作業に係る業務を除く。）は特別教育を受けることが必要になりました。

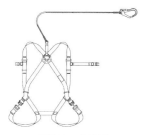 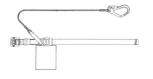 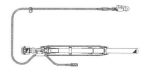

フルハーネス型　　　　　　胴ベルト型　　　　　ワークポジショニング用器具
（ロープ式ランヤード付き）

（a）墜落制止用器具及びワークポジショニング用器具の種類

フルハーネス型（1本つり）　胴ベルト型（1本つり）　ワークポジショニング器具
　　　　　　　　　　　　　　　　　　　　　　　　　　　（U字つり胴ベルト型）
（b）使用例　出典：日本安全帯研究会　　　　　（フルハーネス型との併用）

図3－4－1 墜落制止用器具及びワークポジショニング用器具の種類とその使用例

　墜落制止用器具はフルハーネス型を使用することが原則となります。ただし、墜落時にフルハーネス型の着用者が地面に到達するおそれのある場合（高さが6.75m以下）は胴ベルト型（一本つり）を使用することができます。一般的な建設作業の場合は5mを超える箇所、柱上作業等の場合は2m以上の箇所では、フルハーネス型の使用が推奨されています。

　また、墜落制止用器具は着用者の体重及び装備品の重量の合計に耐えるものを使用しなければなりません。

フルハーネス型墜落制止用器具は、肩や腰、腿等複数の箇所を支える形状で作業者の身体に装着し、落下時に身体を支持する「フルハーネス（ハーネス本体）」とフック、ショックアブソーバ、ロープ等からなる取付設備とハーネス本体を連結する「ランヤード」の大きく2つの部品で構成されています。

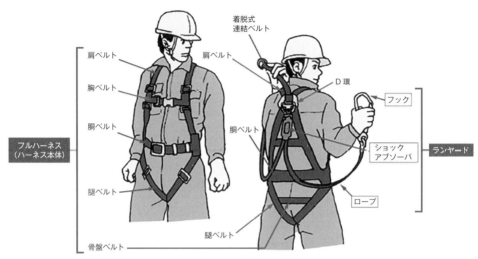

フルハーネス型墜落制止用器具の構成

　ショックアブソーバを備えたランヤードは、ショックアブソーバの種別を取付設備の作業箇所からの高さ等に応じて適切に選択する必要があります。基本的には第一種ショックアブソーバを備えたものを使用し、腰より高い位置にフックを掛けることが推奨されています。

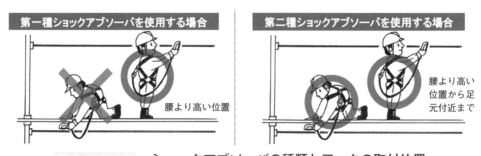

ショックアブソーバの種類とフックの取付位置

　墜落制止用器具の構造、材料、性能等については、安衛法第42条に基づく「墜落制止用器具の規格」（平成31年1月25日　厚生労働省告示第11号）に規定されています。

また、墜落制止用器具を装着していても墜落制止用器具各部の変形、摩耗、擦り切れ等の損傷によって思わぬ災害に結びつくことがありますので、「墜落制止用器具の安全な使用に関するガイドライン」（平成30年6月22日基発0622第2号）中の「第6　点検・保守・保管」および「第7　廃棄基準」の他、墜落制止用器具メーカーが推奨する点検廃棄基準などを参考にしてください。

2　短絡接地器具

高圧又は特別高圧において停電作業を行う場合の感電防止のための器具（安衛則第339条（停電作業を行なう場合の措置））である短絡接地器具は高圧以上の電圧を停電した電線路において使用されますが、受変電設備では低圧側と高圧側は密接に連携しているため、受変電設備の低圧側を直接工事する場合は、高圧側が完全に停電して短絡接地器具を取付けていることを確認することが低圧側の感電防止の上で重要です。（図3-4-4）

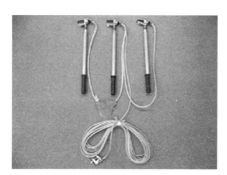

図3-4-4　短絡接地器具

《取付け手順と使用上の注意点》
① 短絡接地器具を取付ける前に必ず絶縁用ゴム手袋を着用し、検電器で充電の有無を確認する。
② 残留電荷の放電をする。
③ 放電は絶縁用保護具を着用し、短絡接地器具の接地極側を先に取り付ける。また、取外す際は接地極側を最後に行う。
④ 停電していても短絡接地器具を取り付けていない場合は活線と同じ扱いになる。

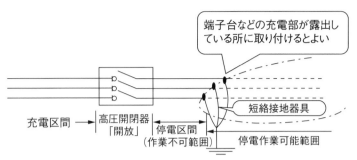

図3-4-5 短絡接地器具と停電作業可能範囲

3　その他の安全用具

品名	使用目的	使用範囲
区画ロープ 	作業範囲、危険範囲の区画表示に使用する。	区画ロープにより区画する範囲を設定する。特に公衆の立入りを防止する場合に使用する。
標識板 	施設の状況表示、危険立入禁止表示として関係者や公衆に注意喚起するため使用する。	「充電中」、「投入禁止」、「点検中」、「危険・立入禁止」、「短絡接地中」等の標識板を使用目的に応じて使用する。
アーク防止面 	活線作業時にアークによる火傷障害を防止するために着用する。	電力量計等の取替工事等の活線作業を行う場合に使用する。
絶縁工具 	工具先端の金属露出部を小さくし、感電防止と作業部周囲への短絡を防止するため使用する。	活線作業時等に使用する。

第5章

管　理

《講習のねらいとポイント》

この章では保護具、防具、検電器などの管理について学習します。

1　保護具、防具

　保護具、防具、検電器は、取扱いや保管の仕方などによってその性能を低下させることがあります。したがって、定期的な点検と適切な保管管理をすることが大切です。

《保管管理上の注意事項》

　① 室内のじんあいや湿気などが少なく、直射日光のあたらない風通しのよい場所に保管※1する。

　② 釘などで損傷しない場所に保管※2する。

　③ 使用後に、汚れや水気がついた場合はすぐに拭き取り、濡れた場合は十分に乾燥させる。

　④ 個別に管理を行い、定期点検状況を保管する。

図3－5－1　絶縁用保護具等の良い保管例

図3－5－2　絶縁用保護具等の悪い保管例

※1　保管場所は、日光、油、湿気、ほこりなどにさらされない清浄な冷暗室が最適で、オゾンが発生する変電室、耐電圧試験室、車庫などは絶対に避ける。

※2　長期間折りたたんだり変形したまま保管すると「くせ」がつき、亀裂が生じる場合があるので自然な形で保管する。

2 検電器

検電器はその性能を保持するため十分な管理をするよう心掛けましょう。（図3－5－3）

《保管管理上の注意事項》

① じんあいなどが付着したり雨水がかからない場所に保管する。
（落下などによる損傷にも注意する。）

② テストボタンを押して発音・発光動作するか定期的に確認する。

③ 充電電路又は検電器チェッカーにて確実に動作することを確認する。

図3－5－3 検電器等の保管例

3 定期自主検査

安衛則第351条では事業者は、絶縁用保護具、絶縁用防具、活線作業用器具及び活線作業用装置は6ヵ月以内ごとに1回、定期的に絶縁性能について耐電圧試験の自主検査を行わなければならないと規定されています。（図3－5－4）

また、事業者は定期自主検査で異常があった場合、補修やその他必要な措置を講じた後でなければ使用してはならないと規定されています。補修できないものは、その場で廃棄処理を行います。

なお、定期自主検査の記録事項は3年間保存しなければならないと規定されています。

① 検査年月日

② 検査方法

③ 検査箇所

④ 検査の結果

⑤ 検査を実施した者の氏名
⑥ 検査の結果に基づいて補修等の措置を講じたときは、その内容

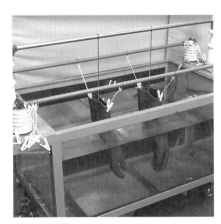

図3-5-4　定期自主検査の耐電圧試験

第4編

低圧の活線作業及び
活線近接作業の方法

第 1 章

作業者の絶縁保護

講習のねらいとポイント

この章では感電災害における被害者の通電部位とそれに適合する絶縁用保護具について学習します。

1　保護の部位と絶縁用保護具

安衛則第346条（低圧活線作業）では、事業者は、低圧の充電電路の点検、修理等の充電電路を取り扱う作業を行う場合、作業に従事する労働者について感電の危険が生ずるおそれのある時は、労働者に絶縁用保護具を着用させ、または活線作業用器具を使用させなければならないと規定されています。

活線作業中の感電災害において被害者の通電部位を見ると、手からの通電がもっとも多く、次に肩、上腕、背の順になっています。

充電部分を取り扱う活線作業・活線近接作業では、感電を防止するために人体への電気の流入ならびに流出を回避することが重要です。例えば、足の部分を絶縁すれば、手から電気が流入しても足へ流出がしにくくなるものの、一方では、手から手など、他の部位からの流出による感電もありうるため、注意が必要です。（図4－1－1）

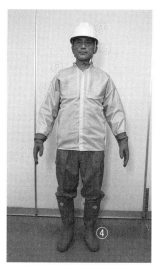

	保護する部位	絶縁用保護具	使用目的
①	手	絶縁用ゴム手袋	手からの電気の流入・流出を防ぐ
②	肩、上腕、背	絶縁衣	肩、上腕、背中からの電気の流入・流出を防ぐ
③	頭	電気用保護帽	頭からの電気の流入・流出を防ぐ
④	足	絶縁用ゴム長靴	足からの電気の流入・流出を防ぐ 万一、上半身部分で感電しても電気が大地へ流れにくい
⑤	頭、顔	アーク防止面	アークの生じるおそれのある活線作業時に使用

図4-1-1 感電災害で通電部位の多い箇所と適合する絶縁用保護具例

　作業に応じて、通電するおそれのある部位は、すべて絶縁用保護具を着用する必要があります。活線作業用器具や活線作業用装置を用いて作業する場合においても、二重防護のため作業者は絶縁用保護具を着用することが推奨されます。

第2章

充電電路の絶縁防護

> **講習のねらいとポイント**
>
> この章では作業環境が良好でない場所で低圧の配線、電気機器などの充電部分を取り扱う場合や、充電電路に接近して作業を行う場合の感電の危険防止について学習します。

1 保護の対象物と絶縁用防具

　安衛則第347条（低圧活線近接作業）において、事業者は低圧の充電電路に近接する場所で電路又はその支持物の敷設、点検、修理等の電気工事の作業を行なう場合、作業者が当該充電電路に接触することにより感電の危険が生ずるおそれのあるときは、当該充電電路に絶縁用防具を装着させなければならないと規定されています。（図4－2－1、図4－2－2、図4－2－3）しかし、充電電路を取り扱う場合危険が伴うので、計画的に停電して工事や取り扱いをするようにして下さい。

＜防護を必要とする主な対象物の例＞
- 電線の露出充電部（接続部付近で被覆に損傷があり、電線が露出している場合がある。）
- 変圧器の低圧側の端子
- 低圧コンデンサの端子
- アーク溶接機の入出力端子

＜絶縁用防具の例＞
- ゴム絶縁管
- 絶縁シート（樹脂製・ゴム製）
- 絶縁じゃばら管

があります。

絶縁用防具		保護の対象物
ゴム絶縁管	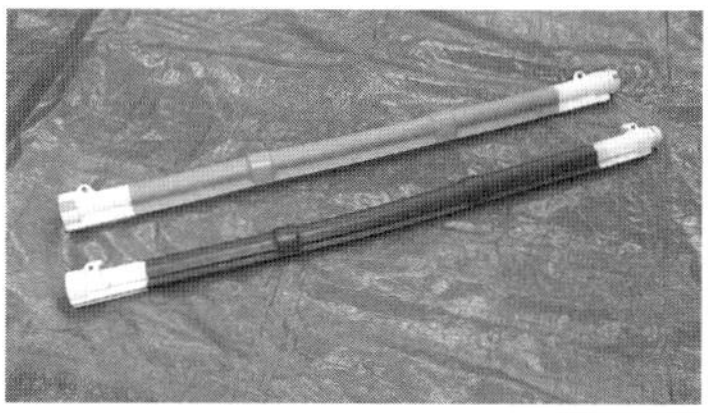	電線の直線部分など
絶縁シート（樹脂製）	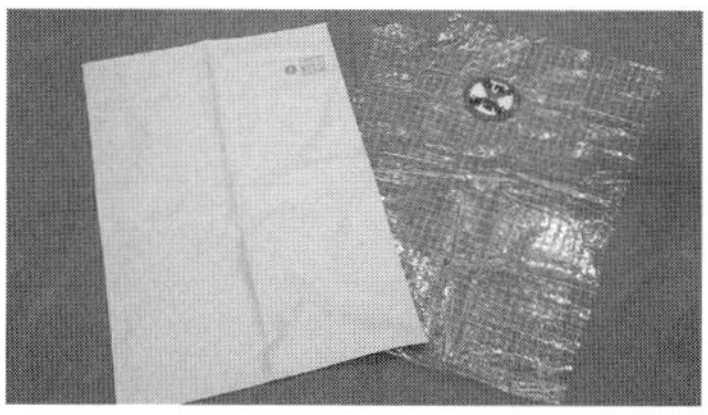	電線の分岐や縁回し部分 分電盤の露出充電部など
絶縁シート（ゴム製）		
絶縁じゃばら管		縁回し部分など

図4-2-1　装着する絶縁用防具の例

図4-2-2　低圧配電線の絶縁用防具取り付け例

図4-2-3　分電盤の絶縁用防具取り付け例

2　絶縁用防具の装着と撤去

　絶縁用防具を装着又は撤去する際に充電電路に触れて感電するおそれがあるため、装着又は撤去時には絶縁用保護具の着用を徹底することが必要です。特に作業者の死角に入る充電部には注意が必要です。（図4－2－4）

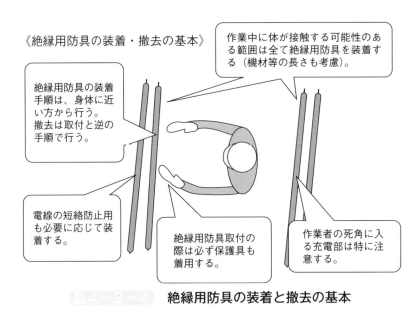

《絶縁用防具の装着・撤去の基本》

作業中に体が接触する可能性のある範囲は全て絶縁用防具を装着する（機材等の長さも考慮）。

絶縁用防具の装着手順は、身体に近い方から行う。撤去は取付と逆の手順で行う。

電線の短絡防止用も必要に応じて装着する。

絶縁用防具取付の際は必ず保護具も着用する。

作業者の死角に入る充電部は特に注意する。

絶縁用防具の装着と撤去の基本

第3章

停電電路に対する措置

> ### 講習のねらいとポイント
>
> この章では電気設備の増設、移設、修理のために電路を停電して電気工事の作業を行う際、誤送電による感電を防止するための必要な措置について学習します。

1 開閉器の通電禁止の措置

安衛則第339条（停電作業を行なう場合の措置）には、事業者は電路を開路して、当該電路又はその支持物の敷設、点検、修理、塗装等の電気工事の作業を行なうときは、当該電路を開路した後に、開路に用いた開閉器に、作業中、施錠し、若しくは通電禁止に関する所要事項を表示し、又は監視人を置くことになっています。なお、作業指揮者の許可を得ることなく通電してはいけません。（図4－3－1、図4－3－2、図4－3－3）

①開閉器の誤投入の防止処置を講ずる。

配線用遮断器		■開閉後、赤色合成樹脂カバーを取り付ける方法
		■開放後、負荷側電線を外す方法
ナイフスイッチ		■開放後、カバーを外して内部のヒューズを外す方法
金属箱開閉器		■開放後、くさりで施錠する方法

a）開閉器などの例

b）分電盤の例

図4－3－4 開閉器などの通電禁止の措置（その1）

②通電禁止に関する事項

「通電禁止に関する事項」とは
■ 電路の開放後は、分電盤等に施錠した上で、必ず操作禁止や通電禁止などの表示を取り付ける。

① 責任者の氏名
② 停電作業内容・場所
③ 作業予定時間　等
④ 連絡先　等

図4－3－2　開閉器などの通電禁止の措置（その２）

③監視人を置く。

「監視人を置く場合の注意事項」は
■ 作業指揮者、通電操作者と監視人の指揮命令系統を確立しておく。
■ 緊急時の連絡方法を明確にしておく。
■ 監視人も、作業内容等を把握しておく。
■ 監視人が、現場を離れる場合の代替措置も予め打ち合わせておく。

安全用品提供・協力：つくし工房・株式会社谷沢製作所
図4－3－3　開閉器などの通電禁止の措置（その３）

2 残留電荷の放電

安衛則第339条（停電作業を行なう場合の措置）には、事業者は電路を開路して、当該電路又はその支持物の敷設、点検、修理等の電気工事の作業を行なうときは、当該電路を開路した後に、開路した電路が電力ケーブル、電力コンデンサ等を有する電路で、残留電荷による危険を生ずるおそれのあるものについては、安全な方法により当該残留電荷を確実に放電させることと規定されています。

・停電した電路に電力ケーブルを使用している場合や、容量の大きい負荷機器、力率改善用電力コンデンサなどが接続されている場合、電源遮断後も電荷が残留することがある。

・感電の危険があるため、検電器で残留電荷がないことを確認し、残留電荷がある場合は放電器具で残留電荷を除去する必要がある。なお、残留電荷は直流なので、交流専用検電器では検出できない。直流用または交直両用検電器を使用すること。

■放電器具の例

放電棒

（「JIS C 4901　低圧進相コンデンサ」では、放電抵抗器を内蔵するコンデンサの放電性は、放電性試験を行ったとき、残留電圧は、3分で75V 以下でなければならないと規定されています。）

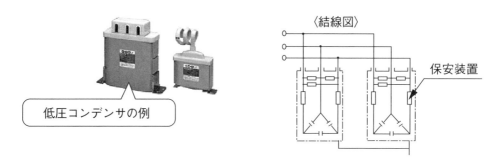

低圧コンデンサの例

〈結線図〉

保安装置

3　停電の確認と誤通電の防止

電路を停電して電気工事を行う場合、次の各作業段階における打ち合わせや実施事項を忠実に守ることが感電防止につながります。

- 作業前
- 作業中
- 作業終了時

各作業段階の打合せ事項と実施事項は次のとおりです。

停電の確認と誤通電の防止

項目 段階	打合せ事項	実施事項
作業前	1. 作業指揮者の任命 2. 停電範囲、操作手順 3. 開閉器の位置 4. 停電時刻、送電予定時刻 5. 短絡接地器具取付け箇所 6. 計画変更に対する処置 7. 送電時の安全確認	イ. 作業指揮者による作業内容の周知徹底 ロ. 開路した開閉器に施錠又は表示 ハ. 検電器による停電確認 ニ. 残留電荷の放電 ホ. 短絡接地器具の取付け ヘ. 一部停電作業に於ける死活線の表示 ト. 近接活線に対する防護
作業中		イ. 作業指揮者による直接指揮 ロ. 開閉器の管理 ハ. 短絡接地の状態管理 ニ. 近接活線に対する防護状態の管理
作業終了時		イ. 短絡接地器具の撤去 ロ. 標識撤去 ハ. 作業者に感電の危険が無いことの確認 ニ. 開閉器を投入し送電

第4章

作業管理

> **講習のねらいとポイント**
>
> この章では低圧電路での作業における作業管理の要点について学習します。

　低圧電路での作業は高圧電路の作業と比較して安易に考えられるため、感電災害の割合が多いです。したがって、作業に当たっては必要な情報を事前に把握し、作業者に周知するとともに、作業方法、作業手順の徹底など段階ごとに入念な打合せチェックの徹底をすることが大切です。特に作業は2名以上で行い、決して1人作業とならないようにすることが重要です。

　作業管理の要点は次のとおりです。（図4-4-1〜図4-4-5）

- ■ 事前確認……関係箇所に事前確認、必要事項を作業者に周知
- ■ 器具・工具などの適正な管理……定期点検や保管場所の整理整頓
- ■ 事前打合せ……関係部門との入念な打合せ

《事前確認》

作業時間に余裕を持たせる等、適正な作業計画を立てる。

作業実施日前に関係箇所に事前確認を行う。

電気の危険性を充分認識した計画を立てる。

- ● 作業は基本的に停電作業とする（やむを得ない場合のみ活線）
- ● 使用電圧に応じた接近限界距離の外で作業
- ● 作業位置、作業手順
- ● 工具や器具・保護具、防具の適否
- ● 作業人数
- ● 作業時間等

- ● 必要な技能を習得した作業員が実施する。
- ● 安全な工法を選定する。
- ● 雷接近時、降雨、強風などの悪天候のため危険が予測される場合の作業延期を考慮した予備日を設定する。

作業管理の要点（その1）

■ 作業手順の作成とチェックの徹底……実施方法の確認と情報の共有化
■ 作業直前の打合せの徹底……TBM-KYの実施ならびに情報の共有化
■ 作業規律の厳正保持……作業指揮者と作業者の規律の保持
■ 予定外作業・手順の変更……作業中断し、関係者で打合せ

> 絶縁用保護具・防具の適切な管理
> （耐電圧試験等の定期点検や保管場所の整理整頓）

電気工事の特殊性を考慮した器具・工具などの適切な管理

> 電気用計測器類の適切な管理
> （校正試験等の定期点検や保管場所の整理整頓）
> （参考）自家用電気工作物保安管理規程（JEAC8021）で、
> 「校正・点検周期」が規定されている。

> その他工具の事前点検

図4－4－2　作業管理の要点（その２）

《事前打合せの徹底》

対象箇所：計画部門
　　　　　実施部門
　　　　　その他関係部門

《計画準備段階での関係各所との入念な打合せ》
① 作業内容
② 作業期日
③ 作業場所（作業環境）
④ 作業員の構成
⑤ 当日の連絡体制

《作業手順書の作成と
　　安全対策の徹底》

対象箇所：計画部門
　　　　　実施部門
　　　　　その他関係部門

《手順の確認とその安全対策》
① 当日の指揮命令系統・連絡体制とその妥当性
② 作業手順・方法に対する安全対策確認
③ 作業内容に対する安全対策の確認
④ 作業場所（作業環境）に対する安全対策の確認
⑤ 作業員の構成とその妥当性の確認
⑥ 異常事態発生時の対応方法について

図4－4－3　作業管理の要点（その３）

作業事前の打合せの徹底
対象箇所：実施部門

《実施方法の確認と情報の共有化》
TBM（ツール・ボックス・ミーティング）で！
① 作業員の健康状態・服装等の点検
② 作業内容の確認
　（手順・役割分担・指揮命令系統・連絡体制等）
③ 安全対策の確認
④ 材料・機材・工具類の確認
⑤ 異常事態発生時の対応方法について
　KY（危険予知）で！
⑥ 作業員全員の視点で安全対策の再確認と対策の確認

作業管理の要点（その４）

作業規律の厳正保持

　《作業指揮者》
■ 監視・監督に専念する。（メリハリをつける。）
■ 作業員の疲労度の把握と適切な休憩をとる。
■ 作業環境に応じた安全対策を実施する。
　　（酷暑期・厳寒期・雨期など）
　《作　業　者》
■ 指揮命令系統を遵守する。
■ 作業規律を保持する。（自分勝手な行動をしない。）

作業管理の要点（その５）

救急処置

1　応急手当の重要性

　けが人（以下「傷病者」という。）が発生した場合、バイスタンダー
（その場に居合わせた人）が応急手当を速やかに行えば、傷病者の救命効
果が向上し、治療の経過にも良い影響を与えます。実際の救急現場におい
ても、バイスタンダーが応急手当を行い救急隊員等に引き継ぎ、尊い命が
救われた事例が数多く報告されています。

　緊急の事態に遭遇した場合、適切な応急手当を実施するには、日頃から
応急手当に関する知識と技術を身に付けておくことが大切です。また一人
でも多くの人が応急手当をできるようになれば、お互いに助け合うことが
できます。

（1）応急手当の目的
　応急手当の目的は、「救命」「悪化防止」「苦痛の軽減」です。
（a）救命
　応急手当の一番の目的は、生命を救うこと、「救命」にあります。応急
手当を行う際は、この救命を目的とした応急手当である「救命処置」を最
優先します。
（b）悪化防止
　応急手当の二番目の目的は、けがや病気を現在以上に悪化させないこと
（悪化防止）にあります。この場合は、傷病者の症状、訴えを十分把握し
た上で、必要な応急手当を行います。

(c) 苦痛の軽減

　傷病者は、心身ともにダメージを受けています。できるだけ苦痛を与えない手当を心がけるとともに、「頑張ってください。」「すぐに救急車が来ます。」など励ましの言葉をかけるようにします。

(2) 応急手当の必要性

　突然の事故や病気など救急車を呼ぶような現場に遭遇したとき、救急隊員や医療従事者が来るのを待たないで、なぜ応急手当を行う必要があるのでしょうか。

(a) 救急車到着までの救命処置の必要性

　救急車が要請を受けてから現場に到着するまでの平均時間は、東京都内で7〜8分です。たかが7〜8分、しかし、この救急車到着までの空白の7〜8分間が傷病者の生命を大きく左右することになります。

　救命曲線（図4−5−1参照）によると、心臓や呼吸が止まった人の命が助かる可能性は、その後の約10分間に急激に少なくなっていきます。そのことからも、傷病者を救命するには、バイスタンダーによる応急手当が不可欠といえます。

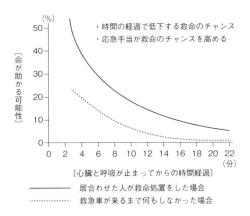

- ・時間の経過で低下する救命のチャンス
- ・応急手当が救命のチャンスを高める

〔心臓と呼吸が止まってからの時間経過〕
────── 居合わせた人が救命処置をした場合
‥‥‥‥‥‥ 救急車が来るまで何もしなかった場合

（Holmberg M ： Effect of bystander cardiopulmonary resuscitation in out-of-hospital cardiac arrest patients in Sweden. Resuscitation 2000 ： 47（1）59–70. から一部改変）
応急手当の開始が遅れても、その意味が全くなくなるというわけではありません。
早く応急手当が開始されれば、それだけ救命効果が高くなることは当然ですが、開始が遅れたとしても、少しでも蘇生の可能性があれば、その可能性に懸けた積極的な応急手当が望まれます。

救命曲線

心肺蘇生実施あり① (2,870人)	39.8% (1,143人)	27.4%② (785人)
心肺蘇生実施なし (1,638人)	28.3% (463人)	15.5% (254人)

※令和2年中の市民に倒れる
ところを目撃された心原性
心肺停止傷病者で初期心電
図が電気ショック適応であ
った傷病者数:4,508人

1か月後生存　　社会復帰

①市民による心肺蘇生の割合は、63.7%
②市民による心肺蘇生が実施された場合の1か月後の社会復
帰率は実施しなかった場合より1.8倍高い。

出典：総務省消防庁「令和3年版　救急・救助の現況」

市民による心肺蘇生実施の有無別の1か月後社会復帰率の比較

（b）救命の連鎖の重要性

　心停止や窒息という生命の危機に陥った傷病者や、これらが切迫している傷病者を救命し、社会復帰に導くためには、①心停止の予防、②早期認識と通報、③一次救命処置（心肺蘇生とAED）、④二次救命処置と集中治療の4つが連続して行われることが必要です。これを「救命の連鎖」と呼びます。

　この4つのうち、どれか1つでも途切れてしまえば、救命効果は低下してしまいます。

　特に「救命の連鎖」の最初の3つは、バイスタンダーにより行われることが期待されます。

心停止の予防　　早期認識と通報　　一次救命処置　　二次救命処置と
　　　　　　　　　　　　　　　　（心肺蘇生とAED）　　集中治療

図4-5-3　**救命の連鎖の重要性**

（c）自主救護の必要性

・事業所では、傷病者を速やかに救護するため、組織的に対応する救護計画を樹立しておくことが望まれます。
・応急手当用品を普段から備えておき、不測の事態に対応できるようにしておくことが望まれます。

（d）他人を救おうとする社会が自分を救う

　傷病者が発生したとき、放置することなく、誰かがすぐに応急手当を行うような社会にすることが必要です。

　そのためには、まず、あなたが応急手当の正しい知識と技術を覚えて、実行することが大切です。他人を助ける尊い心（人間愛）が応急手当の原点です。

2　救命処置

（1）用語の定義

① **救命処置**：傷病者の命を救うために行う「心肺蘇生」、「AEDを用いた電気ショック」、「気道異物除去」の3つの処置をいいます。救急隊員や医療従事者でなくても誰でも行うことができます。

　その他の応急手当（ファーストエイド）とは、バイスタンダーが心停止や気道異物以外の傷病者を助けるための最初の行動をいいます（狭義の応急手当）。また、救命処置と狭義の応急手当を併せて、広義に応急手当といいます。

② **心肺蘇生（CPR）**：反応と普段どおりの呼吸がなく、呼吸と心臓が停止もしくはこれに近い状態に陥ったときに、呼吸と心臓の機能を補助するために「胸骨圧迫」と「人工呼吸」を行うことをいいます。

　※心肺蘇生は、英語で cardio（心臓） pulmonary （肺） resuscitation（蘇生）といい、頭文字をとって CPR と略称されています。

③ **AED （自動体外式除細動器）を用いた電気ショック**：不整脈によって心臓が停止しているときに、AED（自動体外式除細動器）を用いて電気ショックを行うことをいいます。

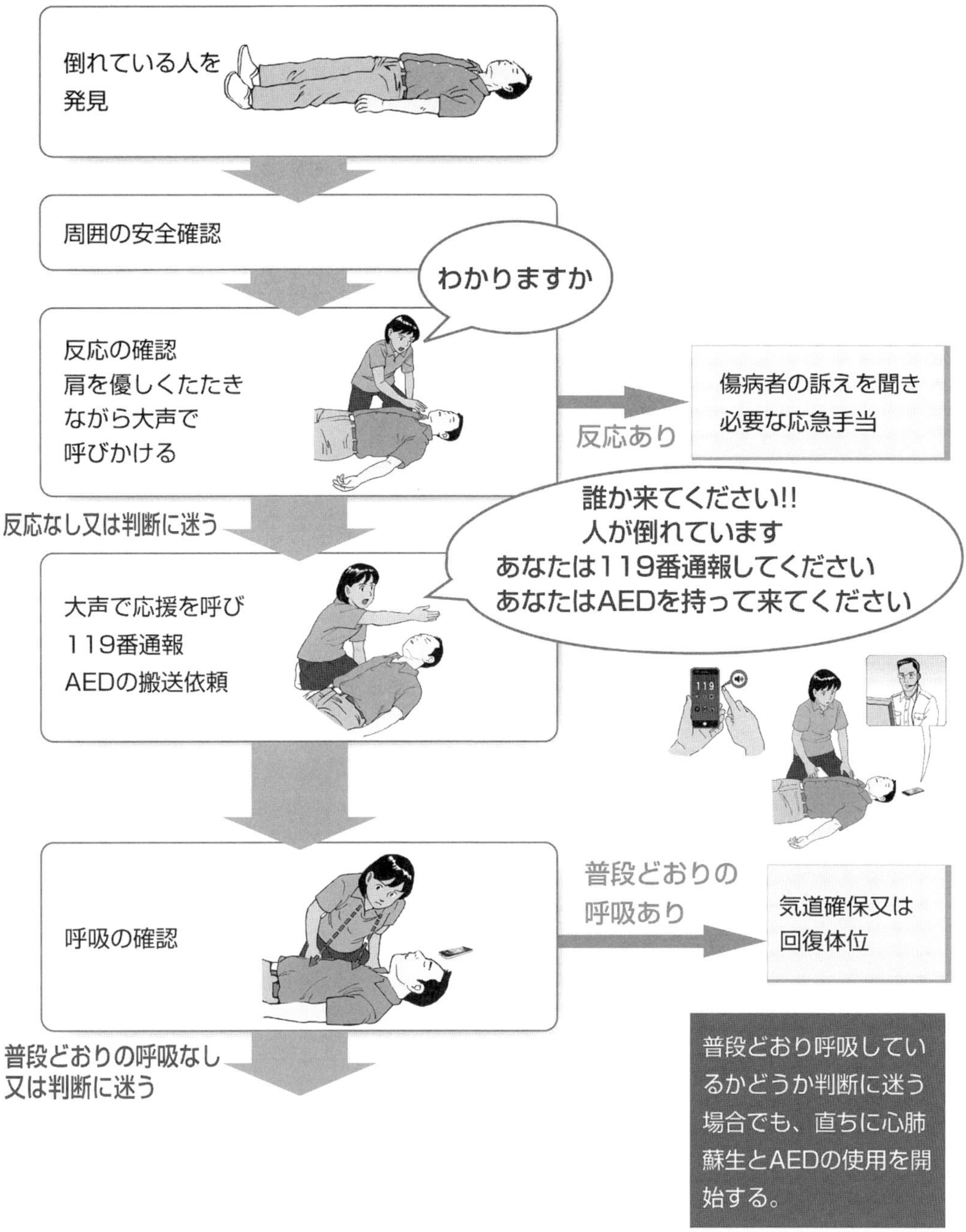

倒れている人を
発見

周囲の安全確認

わかりますか

反応の確認
肩を優しくたたき
ながら大声で
呼びかける

反応あり → 傷病者の訴えを聞き
必要な応急手当

反応なし又は判断に迷う

誰か来てください!!
人が倒れています
あなたは119番通報してください
あなたはAEDを持って来てください

大声で応援を呼び
119番通報
AEDの搬送依頼

呼吸の確認

普段どおりの
呼吸あり → 気道確保又は
回復体位

普段どおりの呼吸なし
又は判断に迷う

普段どおり呼吸してい
るかどうか判断に迷う
場合でも、直ちに心肺
蘇生とAEDの使用を開
始する。

図4-5-4　心肺蘇生と AED の使用（次のページに続く）

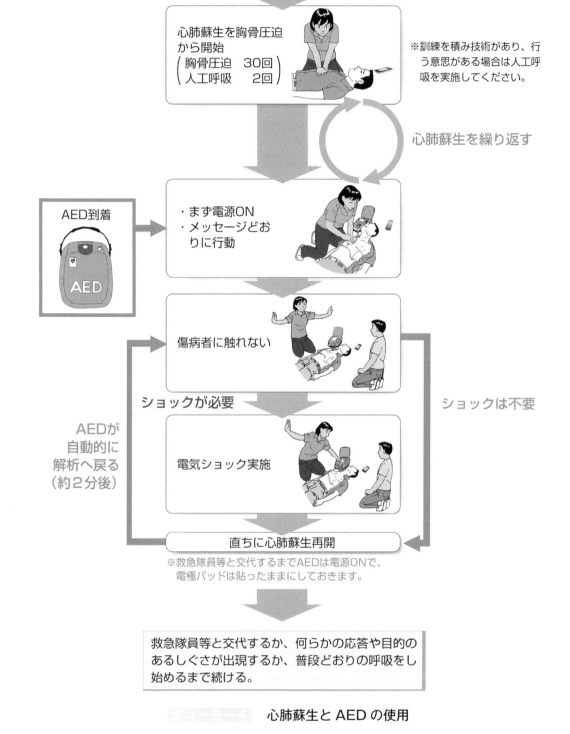

心肺蘇生を胸骨圧迫から開始
（胸骨圧迫　30回 人工呼吸　2回）

※訓練を積み技術があり、行う意思がある場合は人工呼吸を実施してください。

心肺蘇生を繰り返す

AED到着

・まず電源ON
・メッセージどおりに行動

傷病者に触れない

ショックが必要

ショックは不要

AEDが自動的に解析へ戻る（約2分後）

電気ショック実施

直ちに心肺蘇生再開

※救急隊員等と交代するまでAEDは電源ONで、電極パッドは貼ったままにしておきます。

救急隊員等と交代するか、何らかの応答や目的のあるしぐさが出現するか、普段どおりの呼吸をし始めるまで続ける。

心肺蘇生と AED の使用

(2) 心肺蘇生

(a) 周囲の安全確認

　傷病者を助ける前に自分自身の安全確保を優先します。

　周囲の安全を確認してから傷病者に近づき、可能な限り自分と傷病者の二次的危険を取り除きます。

　傷病者が危険な場所にいる場合は、自分の安全を確保した上で、傷病者を安全な場所に移動させます。

(b) 反応の確認

　肩を優しくたたきながら大声で呼びかけて反応するか確認します。

　肩を優しくたたきながら大声で名前を呼んだり、「わかりますか」「大丈夫ですか」「もしもし」などと呼びかけます。

　話ができれば、傷病者の訴えを十分に聞き、必要な応急手当に着手し、悪化防止、苦痛の軽減に配慮します。

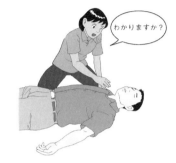

反応の確認

(判　断)

・目を開けたり、何らかの応答や目的のあるしぐさがあれば「反応あり」、これらがなければ「反応なし」と判断します。

・反応があるかないかの判断に迷う場合又はわからない場合も心停止の可能性を考えて行動します。

・全身がひきつるような動き（けいれん）は、「反応なし」と判断します。

(c) 大声で応援を呼び、119番通報とAEDの搬送を依頼する

　反応がないと判断した場合、反応があるかどうか迷った場合又はわからなかった場合には、直ちに「誰か来てください！人が倒れています！」と大声で応援を呼び、「あなたは119番通報してください」「あなたはAEDを持って来てください」など、人を指定して具体的に依頼します。

図４－５－６

　救助者（応急手当等を行い傷病者を助ける人）が一人の場合は、まず自分で119番通報し、AED が近くにある場合は AED を取りに行きます。

　119番通報をすると、電話で通信指令員から心停止の判断についての助言や手順を指導してくれます。

　電話のスピーカー機能などを活用することで両手が使える状態となり、指導を受けながら心肺蘇生を行うことができます。

(d) 呼吸の確認

　普段どおりの呼吸の有無を10秒以内で確認します。

　目線を傷病者の胸と腹に向け、呼吸の状態を見て確認します。

　　→目視で呼吸をするたびに上がったり下がったりする胸と腹を見ます。

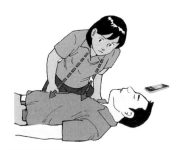

呼吸の確認

(判　断)

　胸と腹の動きが見られない場合は、普段どおりの呼吸なしと判断し胸骨圧迫を開始します。

　傷病者に反応がなく、呼吸がないか又は異常な呼吸（死戦期呼吸：gasping…しゃくりあげるような途切れ途切れの呼吸）が認められる場合、あるいはその判断に迷う場合又はわからない場合は心停止と判断し、直ちに心肺蘇生を開始します。

　普段どおりの呼吸とは、胸と腹の動きを見て、明らかに呼吸があるとわかる状態をいいます。それ以外は、『普段どおりの呼吸』がないと判断します。

　呼吸が普段どおりであるかの判断は難しいかもしれませんが、迷って心肺蘇生が手遅れになることは避けなければなりません。

　また、心臓が止まった直後は、しゃくりあげるような途切れ途切れの呼吸が見られます。これは「死戦期呼吸」と呼ばれ、『普段どおりの呼吸』ではないと判断して心肺蘇生を開始します。

(e) 心肺蘇生

　心肺蘇生とは、胸骨圧迫と人工呼吸を組み合わせたものをいいます。心

停止が疑われるあらゆる人に対して胸骨圧迫を行います。人工呼吸の訓練を受けておりその技術と行う意思がある場合は人工呼吸も行います。

　心停止でなかった場合の危害を恐れることなく、勇気を持って行うことが重要です。

① 胸骨圧迫の位置
○心臓の位置

　心臓は、胸の中央にある胸骨の裏で、やや左側に寄った位置にありますが、圧迫位置は胸骨の真上になります。

○胸骨圧迫の圧迫位置

　胸骨の下半分の位置となります。目安は、「胸の真ん中」（左右の真ん中で、かつ、上下の真ん中）です。

　一方の手の手掌基部（手のひらの付け根）だけを胸骨（圧迫位置）に平行に当て、他方の手を重ねます。

　重ねた手の指を組むことで、肋骨など胸骨以外の場所に手が当たらないようにすることができます。

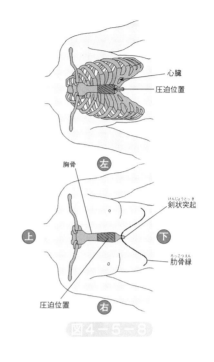

図4-5-8

（注　意）

　あまり足部側を圧迫すると、剣状突起を圧迫し、内臓を傷つけるおそれがあります。

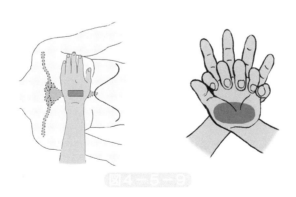

図4-5-9

② 胸骨圧迫

　圧迫は手のひら全体で行うのではなく、手のひらの付け根だけに力が加わるようにします。

　垂直に体重が加わるよう両肘をまっすぐに伸ばし、圧迫部位の真上に

肩がくるような姿勢で実施します。

十分な強さと、十分な速さで、絶え間なく胸骨を圧迫することが最も大切です。

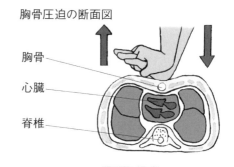

胸骨圧迫の断面図

胸骨

心臓

脊椎

圧迫位置を30回圧迫します。ただし、後述する人工呼吸のやり方に自信がない、行うことにためらいがある場合は、胸骨圧迫を連続して実施します。

成人に対する胸骨圧迫の行い方は、次のとおりです。

イ．十分な強さと、十分な速さで、絶え間なく圧迫する

→圧迫の強さは、胸が約5cm沈むまでしっかり圧迫します。

→圧迫のテンポは、1分間に100〜120回です。

ロ．圧迫を確実に解除する

→沈んだ胸が元の位置まで戻るように圧迫を解除します。

→手を胸から浮き上がらせたり、圧迫位置がずれたりしないように注意しましょう。

（注　意）

・胸骨圧迫の練習は必ず人形で行います。人間の体で練習してはいけません。

（ポイント）

・十分な強さと十分な速さで絶え間なく胸骨を圧迫することが最も大切です。

・手や指が肋骨やみぞおちに当たらないように実施しましょう。

・位置がずれないようにし、垂直に圧迫しましょう。

・圧迫の強さ及びテンポを体得しましょう。※

※1　約5㎝は、単三電池の長さとほぼ同じです。

※2　1分間に100〜120回のリズムは、スマートフォンのメトロノームアプリなどを活用できます。

（ステップアップ）

・肘と背中はピンと伸ばしましょう。

・肩が胸骨の真上にくるようにしましょう。

・腕の力で押すのではなく、体重で押すようにすると疲れにくくなります。

(f) 人工呼吸

成人に対する人工呼吸は、「口対口人工呼吸」が、最も簡単で効果があるといわれ、基本となる方法です。

人工呼吸のために胸骨圧迫中断時間が長くならないように訓練しましょう。

訓練を積み技術があり、意思がある場合は人工呼吸を実施してください。

① 気道確保

イ.　気道確保とは

気道とは、呼吸の際に空気の通る道のことをいいます。「気道確保」とは、この空気の通り道を作ることをいいます。

ロ. 気道閉塞とは

「気道閉塞」とは、空気の通り道がふさがり、呼吸が困難になることをいいます。反応がなくなると、全身の筋肉が緩んでしまいます。

舌の筋肉が緩むと、舌がのどに落ち込んで（舌根沈下（ぜっこんちんか））、空気の通り道をふさいでしまい気道閉塞を起こします。

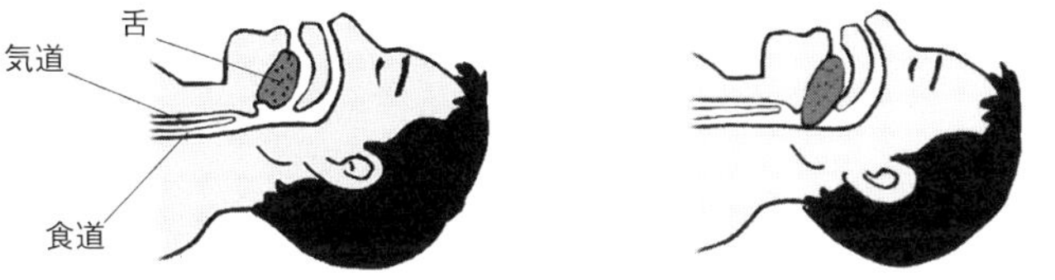

正常気道状態　　舌根沈下による気道閉塞状態

図4－5－12

気道確保は、頭部後屈（とうぶこうくつ）あご先挙上法（さききょじょうほう）という方法で行います。

片方の手を額に当て、もう一方の手の人差し指と中指の2指をあご先

（骨のある硬い部分）に当てます。

　あご先を持ち上げながら、額を後方に押し下げ、頭を反らして気道を確保します。

頭部後屈あご先挙上法

（ポイント）

・頭部後屈とあご先の挙上は優しく確実に。浅いと気道が開通しません。また、あご先に当てた指は骨の部分にだけ当たるようにします。（あごの下の軟らかい部分を指で圧迫すると気道が狭くなるので注意します。）
・頭を急激に反らさないようにしましょう。
・口が閉まらないようにします。

② 人工呼吸要領
イ．気道を確保し、鼻をつまむ

　頭部後屈あご先挙上法（図4－5－13参照）による気道確保をしたままで、額を押さえていた手の親指と人差指で、傷病者の鼻をつまみ、鼻の孔をふさぎます。

ロ．口を全て覆う

　自らの口を傷病者の口より大きく開け、傷病者の口を全て覆って、呼気が漏れないよう密着させます。

ハ．胸の上がりが見える程度に2回吹き込む

　胸を見ながら、胸の上がりが見える程度の量を約1秒かけ静かに2回吹き込みます。

　1回目の吹き込み後は、一旦口を離し、同じように2回目の吹き込みを行います。

　1回目の吹き込みで胸の上がりが見えない場合でも吹き込みは2回までとし、胸骨圧迫に進みます。

　2回の吹き込みによる胸骨圧迫の中断時間は10秒以上にならないようにします。

（ポイント）

・吹き込む量は、胸が上がるのを見てわかる程度で、必ず目で確認します。

・約1秒かけて吹き込みます。

・吹き込みは、胸が上がらない場合でも2回までとします。

・吹き込みを2回試みても胸が1回も上がらない状況が続くときは、胸骨圧迫のみの心肺蘇生に切り替えます。

（ステップアップ）

・不十分な人工呼吸の三大原因は「不十分な気道確保」、「鼻孔がふさがれていない」、「口の開け方が小さい」です。しっかり気道確保を行い、鼻を忘れずつまみ、傷病者の口全体をしっかり覆いましょう。

③ 感染防止

口対口人工呼吸による感染の危険は低いといわれていますが、手元に感染防護具がある場合は使用します。

ただし、傷病者に危険な感染症（疑いを含む）がある場合や、傷病者の顔や口が血液で汚染されている場合には、感染防護具等を使用してください。

人工呼吸を行うことがためらわれる場合は、胸骨圧迫のみの心肺蘇生を行います。

＜感染防護具＞

日頃から人命救助の備えとして準備しておくことを心がけましょう。

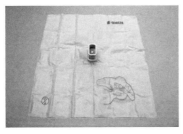 

一方向弁付感染防止用シート　　一方向弁付人工呼吸用マスク

感染防護具

図4－5－15

〈 口対マスクの人工呼吸 〉

　頭部後屈あご先挙上法により気道を確保
し、口と鼻をマスクで覆い吹き込む方法で
す。感染の危険を防ぐことができます。

口対マスク
の人工呼吸

（g）心肺蘇生の継続
① 胸骨圧迫30回と人工呼吸２回の組み合わせを続ける

　胸骨圧迫30回と人工呼吸２回の組み合わ
せを絶え間なく、続けて行ってください。

　胸骨圧迫を絶え間なく行うため、胸骨圧迫と人工呼吸の間の移動や、移
動した後の胸骨圧迫や人工呼吸の開始は、できるだけ速やかに行います。

　胸骨圧迫は非常に体力を必要とします。時間が経過すると圧迫が弱くな
ったり遅くなりやすいので注意が必要です。

　救助者が複数いる場合は、胸骨圧迫を１～２分を目安に交替し、交替時
の胸骨圧迫中断はできるだけ短くしましょう。

　適時、適正な処置が行えているかお互いに確認しましょう。

心肺蘇生のサイクル

胸骨圧迫
30回

人工呼吸
2回

「普段どおりの呼吸なし。心肺蘇生」

呼気吹き込み
呼気吹き込み

呼気吹き込み
呼気吹き込み

1サイクル
30:2

「1.2.3.4 …10」

「2.2.3.4 …10」

「3.2.3.4 …10」

心肺蘇生のサイクル

＜心肺蘇生の中止時期＞

1．到着した救急隊員等と交代するとき。※

2．傷病者に何らかの応答や目的のあるしぐさが現れたとき。

3．普段どおりの呼吸をし始めたとき。

心肺蘇生を中止したときは気道確保を行い、注意深く継続して見守ります。訓練を受け技術がある方は、回復体位を行います。

（参考：救助者が複数いる場合）

複数の救助者がいる場合には、心肺蘇生と119番通報、AEDの搬送依頼などを分担し、同時並行して行うことが望まれます。

二人で心肺蘇生を行う場合は、一人が胸骨圧迫を、もう一人が人工呼吸を担当し、30：2の割合で行います。人工呼吸を実施しない場合でも、気道確保を組み合わせた胸骨圧迫を実施してください。

適時、適正な処置が行えているかお互いに確認しましょう。

（3）AEDによる電気ショック

（a）AED（自動体外式除細動器：Automated External Defibrillator）とは

AEDは、高性能の心電図自動解析装置を内蔵した医療機器で、心電図を解析し電気ショックによる「除細動」が必要な不整脈を判断します。

AEDは、小型軽量で携帯にも支障がなく、操作は非常に簡単で、電源

図4-5-19 医療用具として医薬品医療機器等法上の承認を得ているAEDの一例

※ポンプ車と救急車が同時に出場した場合、ポンプ車が先に到着してポンプ隊員が応急処置を行うことがあります。

ボタンを押すと（又はふたを開けると）、機器が音声メッセージなどにより、救助者に使用方法を指示してくれます。

　また、電気ショックが必要ない場合にはボタンを押しても通電されないなど、安全に使用できるように設計されています。

＜除細動とは＞

　「突然の心停止」の原因となる重症不整脈に対し、心臓に電気ショックを与え、心臓が本来持っているリズムに回復させるために行うものです。

（b）早期電気ショックの重要性

　「突然の心停止」は、多くの場合、心室細動という不整脈が原因といわれています。この心室細動に対しては電気ショックが最も有効です。しかし、電気ショックの効果には時間の経過が影響するため、できるだけ早く電気ショックを行うことが、傷病者の生死を決めます。

　心室細動を放置すると、心静止となり電気ショックは無効になります。電気ショックが効果を示す心室細動を継続させ、同時に脳への血流を保つために心肺蘇生を続けることが重要です。

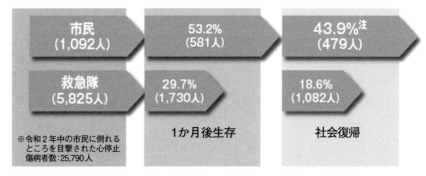

　注　市民による電気ショックの実施数が少ないが、実施した場合の1か月後の
　　社会復帰率は救急隊が到着してから行う電気ショックより2.4倍高い。

出典：総務省消防庁「令和3年版　救急・救助の現況」

市民と救急隊が行った電気ショックの1か月後社会復帰率の比較

（c）AEDによる電気ショック
① AEDによる電気ショックの行い方

　心肺蘇生の対象者に、AEDを装着します。

イ．AEDの到着

　周囲に医療従事者がいない場合は、自分でAEDを操作します。いる場合は、医療従事者に任せてください。

AEDは、救助者側で使いやすい位置に置いてください。

救助者が複数の場合は、救助者の一人が胸骨圧迫を続けながら、別の一人がAEDの操作を開始します。

救助者が一人の場合は、心肺蘇生を中断しAEDの操作を開始します。

ロ．まず電源を入れる

電源ボタンを押すものや、カバーを開けると自動的に電源が入るものがあります。

ハ．音声メッセージどおりに行動する

電源を入れると、以降は、音声メッセージなどに従って操作します。文字や画像のメッセージでも表示される機種があります。音声メッセージは機種により多少異なりますが、指示のとおりに行動してください。

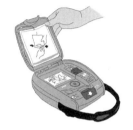

図4－5－21

ニ．電極パッドを傷病者の胸に貼る

電極パッドが傷病者の肌に直接貼れるよう胸をはだけます。電極パッドを袋から取り出し、電極パッドに描かれているイラストのとおり1枚ずつ保護シートからはがして貼り付けます。

電極パッドの貼り付け位置は、胸の右上（鎖骨の下で胸骨の右）と胸の左下側（脇の下から5〜8㎝下、乳頭の斜め下）です。なお、電極パッド2枚が一体のタイプもあります。

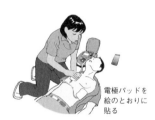

電極パッドを絵のとおりに貼る

電極パッドを貼る位置

複数の救助者がいれば、電極パッドを貼る間もできるだけ心肺蘇生を継続します。

機種によっては、電極パッドを貼った後、音声メッセージに基づきコネクターの接続が必要なものもあります。

（注　意）

電極パッドと皮膚の間に隙間があると、心電

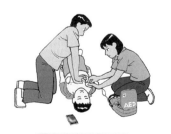

図4－5－22

図の解析や電気ショックが実施できない場合があります。

ホ．傷病者に触れない（心電図解析）

　AEDが、解析（電気ショックが必要かどうかの判断）を自動的に行います。音声メッセージにより、傷病者に触れないよう指示が出るので、誰も触れていないか確認してください。

図4-5-23

　複数の救助者がいて心肺蘇生を継続している場合も、傷病者に触れないよう音声メッセージが出たら直ちに心肺蘇生を中止してください。

（ポイント）
・心電図解析は、傷病者に触れないようにしましょう。

ヘ．電気ショックを行う

　心電図の解析結果から電気ショックが必要な場合は、自動的に充電が開始され、「ショックが必要です」等の音声で指示されます。

　充電が終わり電気ショックの準備が完了すると、「ショックボタンを押してください」等の音声指示があり、ショックボタンが点滅します。

　救助者は、誰も傷病者に触れていないことを確認し、ショックボタンを押します。ショックが行われると傷病者の体が、ピクッと動くことがあります。

図4-5-24

（注　意）
　電気ショック実施時、傷病者に触れていると、感電の危険があります。誰も触れていないことを確認してください。

・オートショックAED
　解析結果から電気ショックが必要な場合に、ショックボタンを押さなくても自動的に電気が流れる機種（オートショックAED）が2021年7月に

認可され今後普及が見込まれます。

　オートショック AED の場合、自動的に電気ショックが行われることから、傷病者から離れるのが遅れると感電するおそれがあり、音声メッセージ等に従って傷病者から離れる必要があります。

　オートショック AED には、一般的な AED と判別できるようロゴマークが表示されています。

（画像提供：JEITA 電子情報技術産業協会）

オートショック AED に表示されているロゴマーク

図4－5－25

ト．電気ショックを実施した後の対応

　胸骨圧迫から心肺蘇生を再開します。AED の音声メッセージに従い、胸骨圧迫30回、人工呼吸２回の心肺蘇生を行ってください。

（判　断）

　機種の新旧により、「体に触れないでください」などの「心肺蘇生を実施してください」以外の音声メッセージが出ることがあります。その場合は音声メッセージどおりに行動してください。

＜心電図の自動解析＞

　心肺蘇生を再開して２分経過するごとに、自動的に心電図の解析が始まります。音声メッセージどおりに心肺蘇生を中断し、「ショックが必要です」等の音声指示が出た場合は、再度電気ショックを行います。「ショックは不要です」等の音声指示が出たら、直ちに心肺蘇生を再開します。

図4－5－26

　心肺蘇生と AED の手順の繰り返しは、救急隊員等と交代するまでか、何らかの応答や目的のあるしぐさが出現したり、普段どおりの呼吸が出現するまで継続します。

　何らかの応答や目的のあるしぐさが出現したり、普段どおりの呼吸が出現した場合は、呼吸が妨げられないよう体を横に向け回復体位（P.127参照）にします。

回復体位

（ポイント）

・最初に行うことは、電源を入れることです。電源さえ入れば、音声メッセージにより指示が得られます。後は音声メッセージに従うだけです。

・協力者がいる場合は、「体に触れないでください、心電図を調べています」等の音声メッセージが出るまで心肺蘇生を継続しましょう。

・救急隊等と交代するまで AED は電源 ON で、電極パッドは貼ったままにしておきます。

（ステップアップ）

・救急隊員等が到着した場合は、実施した電気ショックの回数等、救命処置の内容を伝えてください。

② こんなときはどうするの？

イ．体が水で濡れているとき

　傷病者の胸を乾いたタオルなどで拭き取る必要があります。

　濡れたまま電極パッドを貼ると、電流が皮膚の表面を伝わり、電気ショックが十分に心臓へ伝わらないことがあります。

ロ．ペースメーカー、ICD（自動植込み型除
　　細動器）が確認されたとき

　電極パッドをペースメーカーや ICD のある場所を避けて貼ります。

　前胸部に、皮膚の出っ張り（こぶ）を確認できます。これらの上に電極パッドを貼ると、電気をブロックし十分な効果が得られない可能性があります。

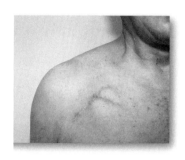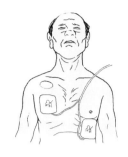

図4-5-29

ハ．医療用貼付薬又は湿布薬が確認されたとき

　貼付薬等をはがして肌に残った薬剤を拭き取った後、電極パッドを貼ります。そのまま電極パッドを貼ると、電流が心臓に伝わらない、あるいはやけどを起こす危険などがあります。

医療用貼付剤

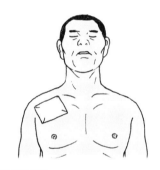

図4-5-30

ニ．下着が邪魔をしているとき

　電極パッドを貼る位置に下着がある場合には、下着をずらして貼り付ける部位の肌を露出させ貼ります。電極パッドを正しく貼り付けることを優先するとともに、できるかぎり人目にさらさないように配慮しましょう。

図4-5-31

③　回復体位

　横向きに寝かせた体位です。

　反応はないが普段どおりの呼吸がある場合は、回復体位という姿勢をとらせて救急隊等を待ちます。

呼吸が妨げられないようにする体位です。体を横向きにし、頭を反らせて気道確保するとともに、嘔吐しても自然に流れ出るように口元を床に向けます。

　回復体位にした場合は、傷病者の呼吸の変化に気づくのが遅れないように、救急隊等が到着するまで観察を続けます。

　長時間回復体位にするときは、下になった部分は血液の循環が悪くなることにより損傷をきたすことがあるので、約30分置きに反対向きの回復体位としてください。

図4-5-32　**回復体位**

＜回復体位の手順＞

① 傷病者の腰の位置に、膝を立てて座ります。
② 傷病者の手前の腕を開きます。

①〜②

③ 傷病者の肩と腰を持ちます。
④ 手前に静かに引き起こします。
※開いた腕と反対側の膝を立て、その膝と肩を
　持って引き起こすと、体重の重い傷病者で
　も、容易に引き起こすことができます。

③〜④

⑤ 傷病者の上側の肘を曲げ、上になっている
　手の甲を顔の下に入れます。
⑥ 頭部を後屈させ、あごを軽く突き出します。
⑦ 口元が、床面に向いているか確認します。

⑤〜⑦

⑧ 姿勢を安定させるため、上の足の膝を曲げ
　腹部に引き寄せるとともに上側の肘を床に
　付けます。

⑧

図4-5-33

3　その他の応急手当（ファーストエイド）

「ファーストエイド」とは、急な病気やけがをした人を助けるための最初の行動です。自分自身の急な病気やけがへの対応も含みます。

その目的は、人の命を守り、苦痛を和らげ、それ以上の病気やけがの悪化を回避し、回復を促すことです。

「応急手当」という言葉は、心肺蘇生などの心停止への対応を含めた意味に使われることが多いため、心停止への対応を含まないものとして「ファーストエイド」という言葉を使用しています。

救命処置をすぐには必要としない場合でも、時間とともに悪化すれば、生命に関わることも十分考えられます。このような傷病者には、悪化防止を主な目的とした応急手当が必要です。

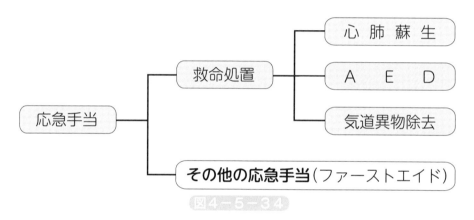

図4－5－34

（1）　骨折の応急手当

手や足の骨折だけでは、すぐに生命に直接重大な影響を及ぼすことはありません。しかし、骨折により、疼痛が持続したり、骨折により血管などを傷つけることもあります。骨折の固定などの応急手当を行うことにより、悪化防止と苦痛の軽減を図ることが期待できます。

（a）骨折の主な症状

・損傷部の痛み、損傷部を触った場合の激痛
・損傷部の変形
・損傷部の腫れ
・損傷部の隣接した関節を動かせない
・折れる音を聞いたり、骨折端が見えたりすることもある
・ショック症状を伴うことがある（骨折部位からの内もしくは外出血）
　上記いずれかの症状があり、骨折の疑いがあれば、骨折しているものとして手当を行います。

（b）骨折の応急手当

心肺蘇生などの救命処置を優先します。

損傷部位を安静にします（固定処置）。

・傷病者を不用意に移動させたり、動かしたりしてはいけません。

・移動が必要ならば、できる限り固定処置を行った後に動かします。

・損傷部位に触れて、無用な痛みを与え、不安に陥らせることのないようにします。

・傷病者の訴えを聞きながら、顔色・表情を見ながら手当を行います。決して、手当を無理強いしてはいけません。

・氷水などで冷却してもよいですが、20分以上続けて冷却することは避けましょう。

どうしてよいかわからないときには、損傷部位はそのままにして医師や救急隊等が到着するまで傷病者を保温し、励ましの声をかけ元気付けます。

（c）固定の原則

原則、傷病者の示している姿勢のまま固定します。たとえ変形していても矯正してはいけません。

（ステップアップ）

毛布やタオルなどを使うと、傷病者の示している姿勢のまま固定するのに役立ちます。

四肢の場合は、骨折部の上下の関節が動かないように副子などを用いて固定します。

副子と固定箇所に隙間がある場合には、間にタオルなど柔らかい物を入れ固定します。

開放性骨折（骨折部が体表面の傷とつながっている骨折）の場合

・傷口を滅菌ガーゼで被覆した後に固定します。

・骨折端に触れたり、動かしたり、戻したりしてはいけません。

＜副子の活用＞

・副子とは、四肢の骨折（脱臼）固定に用いるもので、骨折（脱臼）部の動揺を防止するための支持物であり、添え木ともいいます。

・副子は、骨折部の上下の関節を含めて固定できる十分な長さと幅、強度を持つものを活用します。

・固い副子が直接皮膚に当たる場合には、副子に包帯や三角巾など巻い

てから活用します。

※身近なものとして、新聞紙を折りたたんだもの、ダンボールを切り重ねたもの、その他雑誌や板、杖、傘、バット、ゴルフクラブ、また毛布や座布団も利用できます。

（d）固定の行い方
① 前腕部の固定

肘関節から指先までの長さの副子を用意します。

副子が１枚のときは、手の甲の側に当てます。２枚のときは、骨折部の外側と内側から当てます。

図４－５－35のように三角巾で①②③の順に縛り（末梢の血行を妨げない程度の強さ）、固定します。

三角巾で腕を吊ります（提肘固定三角巾）。

このとき、指先が見えるようにします。

体に固定すると更に効果的です。

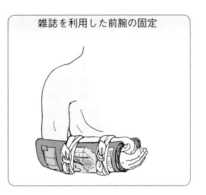

① ② ③

副子：ダンボール、新聞紙、板など

雑誌を利用した前腕の固定

図４－５－35

〈提肘固定三角巾の手順〉
上肢（腕）の骨折や脱臼のときなどに多く用いる方法です。

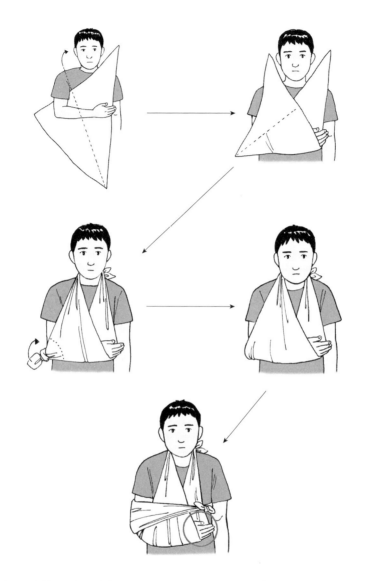

※　指先は、末梢の血行が障害されていないか確認するため必ず出しておきます。

図4－5－36　提肘固定三角巾の手順

② 下腿部の固定

　大腿から足先までの長さの副子を用意します。

　副子を骨折部の外側から当てます。

　三角巾で①②③④の順で縛り（末梢の血行を妨げない程度の強さ）、固定します。

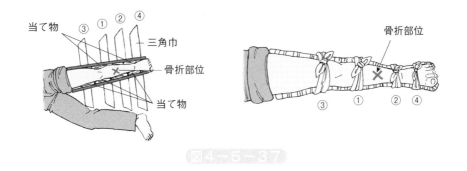

図4－5－37

<＜参考：下肢の健側固定＞

適当な副子がない場合、健康な側の下肢を副子として利用し、固定する方法です。

両足の間に、三角巾や毛布などを入れます。

三角巾で①②③④の順で縛り、固定します。

図4－5－38

③　大腿部の固定

脇の下から足先までの長さの副子と大腿から足先の長さの副子を用意します。

長い副子を体の外側に、短い副子を下肢の内側に当てます。皮膚と副子の間の隙間には当て物を当てておきます。

三角巾で①②③④⑤⑥⑦⑧⑨の順で縛り（末梢の血行を妨げない程度の強さ）、固定します。

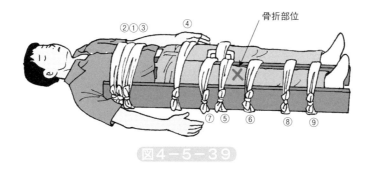

図4－5－39

④ 鎖骨固定

　鎖骨を骨折した場合、搬送する際、また自ら歩行しようとする際、重力により肩が下がり、激しい痛みを伴います。

　上肢をつって（提肘固定三角巾）、肩にかかる重力をとるだけでも痛みはかなり軽くなりますが、それでも痛みがひどい場合には、固定が必要です。

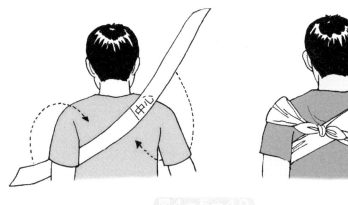

図4−5−40

　三角巾の中心を背部に斜めに当てます。

　三角巾が骨折部位に当たらないように注意し、両肩に回し、たすき掛けにします。

　背中で三角巾の両端を結び固定します。

＜ポイント＞

　固定が緩まないように、三角巾を結ぶときは、傷病者に息を吐かせましょう。

図4−5−41

(2) 熱傷（やけど）の応急手当

(a) 熱傷の重症度

　熱傷の重症度は、熱傷の面積、深さ、部位、また年齢、受傷時の健康状態等の条件によって決定されます。

　一般的には、受傷者が乳児や高齢者の場合、気道を熱傷している場合、熱傷が深い場合、面積が広い場合ほど重症となります。

　熱傷の応急手当を行うことにより、熱傷の深さの軽減や感染防止など、悪化防止が期待できます。

① 熱傷の面積算定

　傷病者の手のひらの面積が、体表面積の１％に相当しますので、患部に手のひらを触れないで面積を測りましょう。

傷病者の手のひらの面積が1%

図４－５－４２　**手掌法**

② 熱傷の深さ

・Ⅰ度熱傷【表皮熱傷・紅斑性】
　皮膚が赤くなり、少し腫れているもの。

・Ⅱ度熱傷【真皮熱傷・水疱性】
　水疱（水ぶくれ）ができたり、糜爛（ただれ）しているもの。

・Ⅲ度熱傷【全層熱傷・壊死性】
　皮膚が硬く黒く壊死しているもの又は白色に変色しているもの。

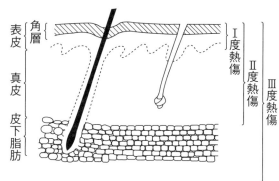

図４－５－４３　**熱傷の深度**

　Ⅰ度熱傷は、自然に治るので通常医療機関に行く必要はありません。

　Ⅱ度熱傷は、指先などの小さなもの以外は治療が必要です。タオルなどで覆いきれないⅡ度熱傷又はⅢ度熱傷は、すぐに医療機関での診察が必要です。

＜参考：気道熱傷＞

　気道熱傷とは、熱やガスを吸入した結果、気道内の気管支や声帯などが傷害された状態をいいます。熱やガスを吸入すると気道が腫れ、窒息の危険が生じることから、早期の医療機関での専門処置が必要となります。

　まずは、受傷状況から気道熱傷を疑うことが大切です。顔面の熱傷、鼻毛の焼失、口腔内の発赤、嗄声（しゃがれ声）、喀痰中の炭の粒などを認めた場合は、気道熱傷を疑います。

（b）**熱傷の応急手当**

① **救命処置を優先**

　反応、呼吸に異常があれば、救命処置を優先します。

　重症熱傷の場合や気道熱傷が疑われたとき、ショック症状がみられるときなど、急激な症状悪化を予想し、傷病者から目を離さないようにします。

② 冷却

着火した衣類等を取り去るなど、熱が取り除かれれば直ちに熱傷の進行が停止するのではなく、熱に触れた組織温度が低下するまで熱傷は進行してしまいます。熱傷の進行を抑えるため、また苦痛を軽減するためにも冷却は効果的です。

図4－5－44　冷却

冷却は、水道水などの清潔な水で行います。

水疱は、傷口を保護する効果があるので、破らないようにします。

着衣の上やガーゼなどで被覆した上から冷却しても支障はありません。

ただし、冷やしすぎによる悪影響も考慮する必要があります。特に気温が低いとき、広範囲の熱傷のとき、また乳児では低体温になりやすく十分な注意が必要です。

軽症で小範囲の熱傷は、痛みが和らぐまで10～20分程度冷却を継続します。

広範囲の熱傷は、可能な限り速やかに冷却しますが、全身の体温が下がるほどの冷却は避けましょう。

＜体温低下の危険性＞

熱傷を受けた皮膚は、正常な皮膚のもつ体温維持の機能が低下していることから、広範囲熱傷創を長時間冷却することは、体温低下を加速することになります。

体温低下は、悪寒、不整脈を誘発し、ショックを助長するなど、さまざまな悪影響を招く結果となります。

③ 被覆

熱傷では、感染防御機能が低下することから、感染を防ぐためにできるだけ清潔に扱うとともに、被覆の手当が必要です。

被覆材料は、できるだけ清潔なものを用います。

熱傷面積が広い場合は、三角巾や清潔なタオル、シーツ等を用います。

（ポイント）

・熱傷を不潔に扱ってはいけません。

・水疱を破ってはいけません（焼けた衣服などは、無理に脱がせてはいけません。）。

・重症熱傷や広範囲熱傷のときは、早く専門医療機関の診療を受けることが重要です。

・傷に、油や味噌などをむやみに塗ってはいけません。

・医師の治療を受けるときには、薬を塗ることもよくありません。

＜化学薬品による熱傷の応急手当＞

・化学薬品が衣類や靴などに付着していた場合は、速やかに身体から取り除きます。

・化学薬品が身体に付着した場合は、速やかに水道水で洗い流します。

・目に入った場合も、速やかに水道水で洗い流します。

・薬品を洗い流す場合は、ブラシ等でこすってはいけません。

（3）熱中症の応急手当

　熱中症とは、熱や暑さにより体が障害を受けることの総称です。熱中症は屋外炎天下でのスポーツや仕事などの活動中に起きる「労作性熱中症」と屋内など日常の生活の中で暑い環境にいるだけで起きる「非労作性熱中症」に分類されます。

　労作性熱中症では、特に夏場のスポーツ大会などで、傷病者を冷たい水風呂につけるため、氷水をはった子供用プールなどを準備しておくことも有効であるといわれます。

　非労作性熱中症では、特に高齢者が運動や作業を伴わない自宅での安静時に、クーラーをつけていないことでも発生しています。

　熱中症の症状には、以下のようなものがあります。

・痛みを伴う筋肉のけいれん

・喉の渇き

・吐き気、嘔吐

・全身の倦怠感

・めまい

・脱力感

・多量の発汗

・全身のけいれん

・皮膚の乾燥

・体温上昇

・意識障害

　反応、呼吸に異常があれば、救命処置を優先します。

熱中症を予防するためには、炎天下や非常に暑い場所での長時間の作業やスポーツは避けましょう。また、こまめに休憩をとり、塩分と糖分を含んだ飲み物（経口補水液、スポーツドリンクなど）を補給しましょう。帽子をかぶったり、日傘をさすなどして、直接日光に当たらないようにしましょう。

　また、閉めきった自動車内に小児だけを残して離れるのは絶対にやめましょう。

　熱中症は、生命に危険を及ぼす場合もあります。少しでも熱中症が疑われたら応急手当を行います。

　衣服を緩め、風通しの良い日陰や、冷房の効いた所へ傷病者を移動させましょう。

　汗をかいていなければ、皮膚を水で濡らして、扇風機などで風を当てることが効果的です。

　氷のうや冷却パックなどを脇の下、太ももの付け根、首の他に頬、手のひら、足の裏などに当てて、体を冷やすことも有効です。

　自力で水分補給できない場合は、直ちに119番通報し、医療機関で受診しましょう。

　自分で飲めるようなら、水分補給（できればスポーツドリンクなど）をさせましょう。傷病者の意識がもうろうとしているなど、自力で飲めそうもない場合は無理に水分補給をするのは危険です。

4　新型コロナウイルス感染症流行期への対応

(1) 基本的な考え方

　新型コロナウイルス感染症は主に飛沫感染、接触感染、エアロゾル（ウイルスなどを含む微粒子が浮遊した空気）感染により伝播すると考えられています。心肺蘇生は、胸骨圧迫のみの場合でもエアロゾルを発生させる可能性があります。新型コロナウイルス感染症が流行している状況においては、すべての心停止傷病者に感染の疑いがあるものとして救命処置を実施します。

　救助者自身がマスクを装着するとともに、傷病者がマスクをしていなければエアロゾルの飛散を減らすため、胸骨圧迫を開始する前には傷病者の鼻と口をハンカチ等で覆い感染防止に努めることが重要です。成人の心停止に対しては、人工呼吸は行わずに、胸骨圧迫とAEDによる電気ショックを行います。それだけでも、大きな救命効果が期待できます。ただし乳児・小児の心停止に対しては、講習を受けて人工呼吸の技術と行う意思が

ある場合には、人工呼吸も実施してください。

(2) 新型コロナウイルス感染症流行期の心肺蘇生

(a) 周囲の安全確認

まず自分がマスクを正しく装着できていることを確認します。

(b) 反応の確認

自分の顔と傷病者の顔が近づきすぎないようにします。

(c) 大声で応援を呼び、119番通報とAEDの搬送を依頼する

反応がないと判断した場合、反応があるか判断に迷う場合又はわからなかった場合には、119番通報とAEDの搬送依頼とともに窓を開けるなど部屋の換気を行い、人を指定して具体的に依頼します。

(d) 呼吸の確認

自分の顔と傷病者の顔が近づきすぎないようにします。

(e) 心肺蘇生

①胸骨圧迫

傷病者がマスクを装着していれば、外さずにそのままにして胸骨圧迫を開始します。マスクを装着していなければ、エアロゾルの飛散を防ぐため、胸骨圧迫を開始する前に、ハンカチやタオル、マスクや衣類などで傷病者の鼻と口を覆います。

②人工呼吸

成人に対しては、人工呼吸は行わずに胸骨圧迫だけを継続します。

乳児・小児に対しては、講習を受けて人工呼吸の技術を身に付けていて、人工呼吸を行う意思がある場合には、胸骨圧迫に人工呼吸を組み合わせます。もし人工呼吸用の感染防護具があれば使用してください。

(f) AEDの使用

AEDの使用方法は、非流行時期と変更はありません。

(g) 救急処置後の対応

傷病者を救急隊員等に引き継いだ後は、速やかに石鹸と流水で手と顔を十分に洗ってください。アルコールを用いた手の消毒も有効です。手洗い、手指消毒が完了するまでは、不用意に首から上や周囲を触らないようにしてください。傷病者に使用したハンカチ等は直接触れることがないようにして、廃棄することが望まれます。

出典：「上級救命講習テキスト」（公益財団法人東京防災救急協会　発行）

災害防止（災害の事例）

第6章

講習のねらいとポイント

この章では実際に起こった感電災害の事例をとおして事故発生の原因と防止対策について学習します。

電気事故事例 No 1
低圧線電圧電流測定作業中の感電死亡事故

事　業　場　　　病院
事故発生箇所　　　変圧器2次側配線

1　事故の発生場所

事故の発生した事業場は、受電電圧6.6kV、受電電力が約200kW の病院である。電気設備の保安業務を外部に委託している不選任事業場である。この病院では、省エネ装置の導入計画があり、事故は導入のための事前調査としての電灯・動力変圧器2次側の電圧・電流測定作業中に発生したものである。

2　事故の発生状況

被災者は、省エネ装置の販売、施工等を行っている会社の作業員である。事故当日は省エネ装置導入のための事前調査として、電灯・動力変圧器2次側の電圧・電流測定を行う予定であった。この時点では主任技術者業務を受託している者（以下、主任技術者等という）との打合わせはしていなかった。同日9時頃、被害者は、省エネ機器取扱い代理店で打合わせを行い、その後、同病院に一人で出向いた。同病院で事務長と打合わせをした後、鍵を借りて一人で電気室に入り作業に着手した。

11時40分頃、事務員から事務長と連絡責任者に、電気室でブザーが鳴っ

ているとの連絡があった。二人が受電室に入ったところ被災者が倒れていた。感電していると判断した連絡責任者が、直ちにOCBを開放し、警察、消防及び関係機関に連絡するとともに、当病院の医師に診察を仰いだが既に死亡していた。

　被災者は、右目の上、左頬、右上膊部（上腕）、胸部及び腹部に火傷があった。また、電灯配電盤裏の単相3線式低圧ブスバー黒相には眉毛が付着していた。

　現場には、電圧・電流記録計6台が設置され、被災者の倒れていた電灯変圧器2次側配線の黒相にクランプメーターが取り付けられていた。

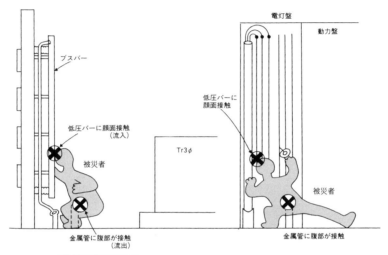

図4−6−1　感電時の被災者の状態（推定）

＜感電の経路＞
　電灯単相3線式の黒相100V ブスバー→顔面（眉毛付近）→右腹部→金属

　被災者の倒れていた状況や身体の電撃受傷の状態から見て、被災者が腰をかがめた状態でクランプメーターを取り付けた時、顔がブスバーに接触、腹部が変圧器2次側配線の金属管に接触していたため、感電したものと推定される。

3　事故原因と事故防止対策

　事故の発生原因としては、第一に被災者の電気安全知識の欠如があげられる。
　業者の社内標準等においては、作業時の服装等が定められていた。しか

し、当日の被災者の服装は以下のとおりであった。

① 被災者は、充電部に近接した作業にもかかわらず素手で作業を行っていた。

② 作業衣は汗で湿っており、腕まくりをしていた。

③ ヘルメットも着用していなかった。

　このように社内標準で定められた服装をしておらず、極めて危険な状態での作業であった。

　第二に連絡・監視体制の不備があげられる。

① 被災者は、電気室内で１人で作業をしていた。

② 電気主任技術者等の立会いの依頼等、事前の連絡・情報交換が不十分であった。

　事故原因から考えられる事故防止対策としては、次のような事項があげられる。

（設置者側）

(1) 電気設備に関する作業・工事の実施に当たっては、主任技術者等への通報・立会を要請する。

(2) 作業安全について必要な場合は次により業者を監督指導する。

　① 活線近接の場合は必ず防護カバー、ゴム手袋を使用させる。

　② 作業時は安全帽、作業服、安全靴を完全に着用させる。

(3) 主任技術者等は立会い及び立入り者の服装を点検し整備させる。

（業者側）

(1) 安全教育の徹底、教育内容の見直し。

(2) 保護具の着用、正しい服装の徹底。

(3) 作業標準の拡充、遵守。

　この事故は、作業者の電気安全知識の低さから起こった悲惨な事故である。今後、再びこのような事故を起こさないためにも、事故防止対策に掲げてある「安全教育の徹底」、「作業標準の遵守」及び「連絡体制の強化・拡充」を関係者の方々にはお願いしたい。

電気事故事例 No2
トロリ線電圧測定中の感電死亡事故

事　業　場　　金属製品製造業
事故発生箇所　　給電用トロリ線

1　事故の発生場所

　事故が発生した場所は、工場内で製作した製品にメッキを施す施設である。化学薬品を使用するため、水槽の真上にあるクレーン本体や操作電源であるトロリ線も腐食しやすく、時々クレーンが止まる事があった。

　事故当日もエッチング槽から製品を引き上げる途中突然クレーンが停止した。クレーンを操作していた操作員も、「またいつもの事か」と思いながら工場のメンテナンスを担当する係へ構内電話をかけ、クレーンが止まったので修理してほしい旨を伝えた。

2　事故の発生状況

　連絡を受けたメンテナンス主任のAさん（被災者）は助手のBを伴って故障現場に到着した。早速Aさんは梯子を持って来ると上に昇った。（図4-6-2参照、移動前クレーン、移動前梯子）トロリ線の電圧と操作用スイッチ〜マグネット部の導通をテスターで確認した。いずれも正規の電圧、導通があり、故障箇所はそれ以外のところと思われたのでクレーンの位置を移動して修理することにした。（図4-6-2参照、移動後のクレーン、移動後の梯子）

　Aさんは梯子をかけ直し、上に昇って足場板に座った。助手のBに手元開閉器を切るように指示し、「切」になった後、マグネット部のマグネットスイッチを交換した。マグネットスイッチの交換後、Bに手元開閉器を「入」にさせて操作用スイッチを扱わせた。やはり動かない。再度手元開閉器を「切」にさせてこんどは集電ホイルを交換した。手元開閉器を「入」にして操作用スイッチを扱わせてもやはりクレーンは動かなかった。

　故障原因不明のまま、被災者は一度下に降り上のクレーンを見上げながらBに話しかけた。「どこが悪いのかな、全然動かない。」

　Bも上を見上げ原因について考えていた。「そうだ」急に何か思いついたらしくAさんは上に昇って行った。

　マグネット部の扉を開け、接点の電圧を測定すると200Vの電圧が出力

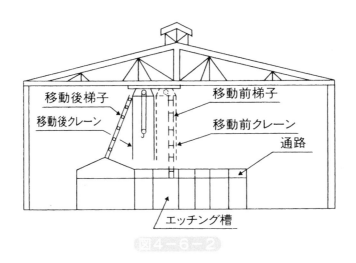

図4-6-2

されるものと出力されないものがあった。「これだ、ここが悪かったんだ」
Aさんは集電ホイルとマグネット間の電圧を測定すると、作業板上に膝
をつき、再度トロリ線間の電圧を測定し始めた。下から上を見上げ作業を
ながめていた助手は、被災者の様子が急におかしくなったことに気がつい
た。「おーい、Aさん」呼んでみても返事がない。「何かあった」助手は
すぐに梯子を昇って行った。

　梯子の隙間から見るとAさんはトロリ線におおいかぶさるようにして、
ピクリとも動かない。「感電だ」Bは昇っていた梯子の途中から引き返す
と急いで手元開閉器のスイッチを切った。構内電話で事務所を呼び出す
と、Aさんが感電したことと、救急車を呼ぶよう頼んだ。梯子を昇って
上に行くとAさんはぐったりしたまま全く動かない。Aさんを見つめて
いると事務所の人達も駆けつけて来た。手伝ってもらってAさんを下に
降ろし、救急車の到着を待っていた。

　Aさんは、しばらくしてサイレンを響かせながら到着した救急車に運
ばれ、酸素マスクを付け病院に収容された。

　事故後に調査したところ、手元開閉器には漏電遮断器（30mA）が設置
されていたものの事故時に動作はしなかった。
（ア）事故後、漏電遮断器のテストボタンを押せば動作する。
（イ）被災者はズボンの上に雨降用のビニルズボンを着用していた。
以上の事から、三相200Vに接触しても、人体を通して大地に電気が流れ
なかったため、漏電遮断器は動作しなかった。被災者の左右の前腕が3相
200VのS・T相線に接触し、左腕から右腕へ電流が流れ感電したものと
推定された。

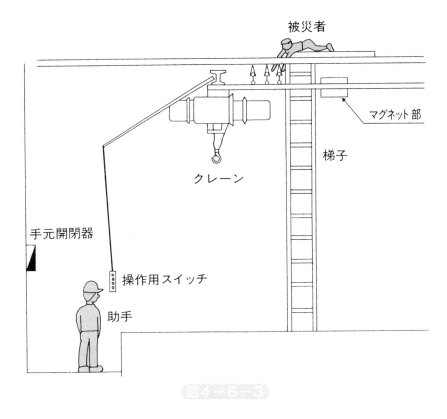

被災者

マグネット部

梯子

クレーン

手元開閉器

操作用スイッチ

助手

図4－6－3

3　事故原因と事故防止対策

この事故の原因としては、

① 充電中の電気機械器具の点検であるのに、低圧（200V）であり、触れても大したことはないという安易な考えがあった。

② 作業に馴れ過ぎていたために、過去、事故は起こっていないという先入観があった。

③ 点検修理を行った被災者はメンテナンスの主任であり、助手の立場として絶縁用保護具、絶縁手袋等を着用するようには言いにくかった。

④ 被災者は助手を伴ってはいたものの、その助手は被災者と離れたところでスイッチを扱っていたため、結果的には被災者単独の作業になった。

以上のことがこの事故の要因として考えられる。

この事故は、たとえ軽微な作業であっても、また、たとえ低圧の電気機械器具であっても、あらかじめ十分に作業内容やその機器の構造や特徴について確認して、安全措置を講じ安全を十分配慮した服装で作業を実施していれば防げたはずの事故であった。

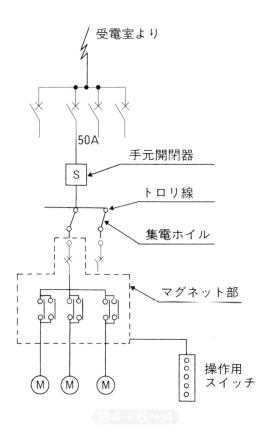

受電室より

50A

手元開閉器

トロリ線

集電ホイル

マグネット部

操作用
スイッチ

　以前から言い古されたことだが、電気工事は停電後、検電、接地をして
作業を行うのが基本である。過去の数々の感電事故例をみても今回のよう
に作業にあたっての基本的事項のルール違反によるものが数多く発生して
いる。

　事故発生後に保安教育の強化や徹底をしても、安全作業の見直し、整備
を実施しても、基本的には作業者の考え方次第で事故は未然に防げるもの
である。

　便利で使い易い電気であってもその取り扱いを誤れば、いかに危険なも
のであるかということを取扱者本人が自覚することが重要である。設備
面、環境面での整備は必要であり、事故防止には必要不可欠なものである
ことはいうまでもないが、人間の精神面だけは他人がどうすることもでき
ない一面である。

電気事故事例 No 3
扇風機取付作業中の感電死亡事故

事　業　場　　自動車用ゴム製品製造業
事故発生箇所　　工場屋内配線

1　事故の発生場所

　事故の発生した事業場は受電電圧6.6kV、受電電力480kW の自動車用ゴム製品製造工場である。

　従業員の作業環境を改善するため、工場屋内に防暑用扇風機を新規に取り付けることとし、7 月下旬、扇風機本体は外注者によって取り付けられていた。

　電気配線工事は地元の大手電気工事会社に発注したが、実際には地元の下請電気工事業者が電気工事をすることになり、8 月上旬、2 人作業での工事を行った。

　従業員 2 人（被災者 A、作業員 B）は13時より扇風機の配線工事に着手し、扇風機操作スイッチの取付及び配管配線（ビニルキャブタイヤケーブル 2 mm² × 2 芯）を終り、被災者 A は地上3.7m の高所で電線接続をするため梯子に上り作業に着手した。

2　事故の発生状況

　事故当日の14時頃、作業員 B は梯子近くで上を見ながら片付けをしていた時・被災者 A の異常な体位（硬直しているように見えた。）に気付き、感電ではないかと思って梯子を昇段、被災者 A の背後から抱えて引き離した。

　その時、作業員 B は被災者 A を支えきれず、被災者 A が約2.8m の位置から墜落した。

　作業員 B は、直ちに救急車を依頼すると共に救急車が到着するまで被災者 A に人工呼吸を施し続けた。

　救急車で地元大手病院に搬送され手当を受けた被災者 A は、15時頃死亡と診断された。死因は、感電による心臓の機能停止であった。

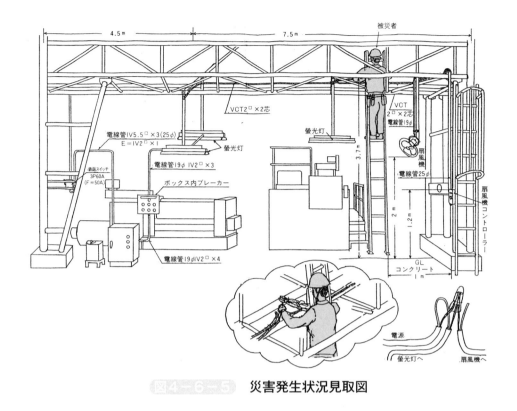

図4-6-5　災害発生状況見取図

3　事故原因と事故防止対策

（1）事故の原因

　関係者による事故調査の結果、事故の原因としては、

① 被災者Aは、扇風機の電源接続は局部照明と同一系統とするよう指示を受けたが、機械設備が稼働しており、5分程度で接続出来ると安易に判断し、スイッチを切らずに低圧活線作業を作業者2人で決めて行ったこと。

② 梯子に上りビニルキャブタイヤケーブルの芯線接続をする際、絶縁スリーブを圧着工具を使って圧着しようとした途端、不安全な体勢のため手元がくるい圧着工具が充電部に当たって感電しており、低圧活線作業及び高所作業に必要な低圧ゴム手袋並びに補助ロープ着用若しくは装着をしていなかったこと。

　以上のことが考えられる。

（2）事故防止対策

① 低圧活線作業は原則的には許可しないこと。

　　但し、必要な場合は事業場の管理責任者若しくは電気関係保安責任

者の許可を受けること。

② 低圧活線作業時には、低圧ゴム手袋を着用するよう指導・教育し徹底すること。

③ 保護具のチェック、着用の確認及び作業の監視人の配置を確実に実行すること。

④ 作業指示チェックシート（スイッチの開放、投入、安全標識札、検電器、保護具等）により明確な指示を与えること。

⑤ 工事入門許可をする場合は、事業場の安全教育修了の有無を明らかにし、未教育の場合は再教育の徹底を図ること。

⑥ 事業所と工事業者との安全作業連絡機能をより一層緊密なものとすること。

電気事故事例 No4
ケーブル工事中の感電死亡事故

事　業　場　　繊維製品製造工場
事故発生箇所　　機械室

1　事故の発生場所

　この事故は、受電電圧6.6kV、受電電力485kW の受電設備を持つ、ある繊維製品製造工場において発生した。

　当該工場は不選任事業場で、事故当時、常用発電設備（6.6kV、400kVA、クーリングタワー冷却方式のガスタービン発電機×4台）の設置工事の期間中だった。

　事故発生箇所は、冷却機及びクーリングタワー用の冷却管等が設置された当該工場の機械室内である。

2　事故の発生状況

　事故当日、作業は発電設備の冷却用クーリングタワー関係の配線工事に入ったが、低圧回路の工事ということで、連絡を受けた電気主任技術者は、電気工事店の1人に必要な指示・指導を行った後、代務者として工事にあたらせた。

　代務者として工事に当たることになった電気工事店の係長は、作業前に他の工事業者等を交え、ミーティングを行って作業に移った。事故は、配線工事の中のクーリングタワー・ファン用サーモスイッチの制御回路用ケーブル（CVV2.0mm²×2C）の接続作業中に発生した。

　その概要については、次のとおりである。（図4－6－6参照）
○ 午前中、機械室内動力分電盤の主幹開閉器（A）を開放した。
○ その後、サーモスイッチの制御用ケーブルを No.1クーリングタワー・ファンへ分岐した幹線（a点）へ仮接続した。
○ 接続完了後、No.1排気ファン用のブレーカ（B）を投入した。
○ 次に他の分岐回路のブレーカを開放の上、主幹開閉器を投入した。（この時点で操作回路が充電され、活線状態となる。）

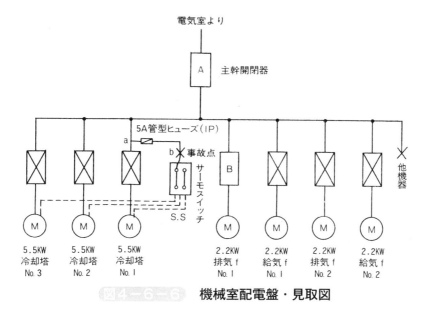

図4−6−6　**機械室配電盤・見取図**

○ 午前中の作業をここまでとし、続きは午後に行うということで昼食にした。

○ 昼食後作業を再開し、被災者はa点に仮接続したサーモスイッチ用制御ケーブルの余長を調整する為に鋼製の冷却管（接地抵抗1Ω）にまたがり、同ケーブルを電線カッターで切断した。

○ 既に充電状態にあったケーブルが切断されたため、電線カッターの金属部分に接触していた被災者の右手親指と人差指の間から入電し、またがっていた冷却管へ出電し、こん睡状態に陥った模様である。（図4−6−7参照）

○ 直ちに人工呼吸をしながら救急車の到着を待ったが、蘇生しなかった。
　以上のような形で事故に至ったわけであるが、ここで周囲の状況に注意を向けてみると、次のとおりであった。

○ 被災者の服装は、作業服上下、保安帽、編上靴というものであった。

○ 事故当時、被災者は発汗状態にあり、衣服の絶縁が極度に低下していたものと思われる。

○ 班員は、15m位離れた場所で配管の塗装作業を行っていた。

○ 排気ファン用のブレーカを投入した際、被災者は他の業者から機器の据え付けの時に出るホコリ等の処理の為、排気ファンを動かして欲しいという依頼を受けていたが、代務者には指示を仰がず、独断により操作を行った。

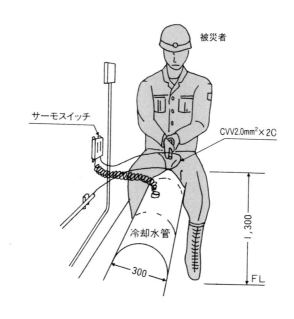

被災者

サーモスイッチ

CVV2.0mm^2×2C

冷却水管

300

1,300

FL

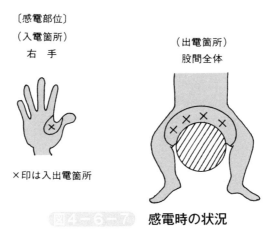

〔感電部位〕

（入電箇所）
右　手

（出電箇所）
股間全体

×印は入出電箇所

図4－6－7

感電時の状況

3　事故原因と事故防止対策

（1）事故の原因

　今回の事故について、以下のような事故原因があげられる。

① 作業に対する基本動作及び安全意識が徹底されていなかった。

　○ 低圧ゴム手袋を着用していなかった。

　○ 検電の実施を怠った。

　○ 充分な絶縁もせずに鋼製の冷却管にまたがって作業を行った。

　○ ケーブルが通電状態にあることを失念していた。

　次に直接の原因にはならなかったが、原因として考えられるものをあげてみると、

② 工事に従事する作業者間の意志疎通及び安全作業に対する検討が不十分であった。

　○ 排気ファン用ブレーカの投入について、被災者と代務者及び代務者とブレーカ投入を依頼した業者の間で相互連絡が図られていなかった。

　○ 危険要素の確認とその排除について、十分な検討がされていなかった。

（2）事故防止対策

　原因別に見た事故防止対策をあげると次のとおりである。

① 作業者の基本動作、安全意識について

　○ 低圧屋内配線工事に従事する際、充電のおそれのある時は、必ず低圧ゴム手袋を着用すること。

　○ 電線・ケーブル等を切断する場合、切断作業に入る前に検電器による充電の有無を確認してから作業に入ること。

　○ 社内の安全重点実施項目に基づく安全教育の再実施により、作業に際しての基本動作等の充実を図ること。

② 作業のミーティングが徹底されていないこと等について

　○ ミーティングの中で下請の工事業者間の連係の強化を図る。

　○ 作業者と代務者の連絡・命令系統を明確にする。

　この事故例と同じく、最近、被災者自身がもう少し慎重な作業手順を踏んでいれば、事故に至らずに済んだのではないかという事故が増加している。

電気事故事例 No 5
活線近接作業における感電死亡事故

事　業　場　　顔料製造工場
事故発生箇所　　天井走行クレーン用
　　　　　　　　　トロリー線（三相200V）

1　事故の発生場所

　事故が発生した事業場は、顔料を製造する工場で、受電電圧6.6kV、受電電力353kW の自家用電気工作物施設で、電気施設保安管理業務を委託している不選任事業場である。
　この事故は、事業場内の構内配電柱から管理センター棟に火災報知器用の信号線を引き込む工事の工程で、管理センター棟の壁の貫通作業時に発生した。

2　事故の発生状況

　被災者は、当日午前10時から工事請負業者の作業責任者を含め５名で作業の分担等簡単な打ち合わせを行った後、構内配電柱から管理センター棟へ火災報知器の信号線を引き込む作業を開始した。
　被災者は管理センター棟の壁の貫通作業を行うにあたり、外側から挿入されてくる信号線を引き込む役割で、１名で壁の内側を任された。天井付近に挿入されてくる信号線を受け取るため、天井走行クレーンの走行用Ｉ型鋼にはしごを掛けた。この際、Ｉ型鋼に沿って天井付近に電線が張られていることには気付いていたが、絶縁電線による低圧屋内一般配線であると判断し、工事責任者に確認をとらず、また電源スイッチが作業場所付近になかったため電源を切ることもしなかった。
　午前11時頃、被災者ははしごに昇り、挿入されてきた信号線を引き込もうと天井走行クレーン用Ｉ型鋼と集電用トロリー線の間に体を入れ、210Ｖに充電された集電用トロリー線に触れて感電した。電流は集電用トロリー線から被災者の背中へ入り、Ｉ型鋼に接触していた腹部と左手から流出した。
　被災者は感電後、声を上げることもできずにはしごから落下した。落下の音を聞きつけ、外側で作業をしていた人達が駆けつけたが、落下の際に脳震盪を起こして気絶しているものと思い、救急車を手配したが既に感電

により死亡していた。

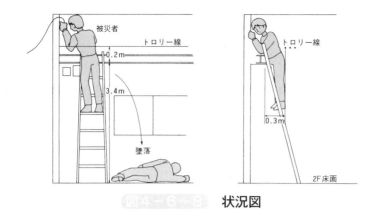

状況図

3　事故原因と事故防止対策

(1) 事故の原因

　今回、感電死亡という大事故に至った具体的な原因については、

① 作業上の注意事項等の事前打ち合わせが十分でなかった。

② 天井走行クレーン集電用トロリー線を絶縁電線による一般屋内配線と思い込み安易に作業を行った。

③ 天井走行クレーンの電源を切らなかった。

④ 普通の作業着であり、汗で湿っていたため電気が通りやすい状態であった。

⑤ 狭い隙間に無理に体を入れたため、トロリー線及び接地体であるⅠ型鋼に強く接触した。

などがあげられる。

　なかでも重要なことは、十分な事前打ち合わせがなかったこと、作業者の安全作業遂行意識が低かった（保安教育が十分でない）ことであり、今回のケースでは以下のような点について事前打ち合わせ及び準備が十分でなかった。

① 請負業者の工事責任者と工場の工事管理責任者との間で工事内容、工事計画、作業場所の状況及び作業手順の打ち合わせが行われず、工場側立会い者も置かれていなかった。

② 請負業者の工事責任者が作業者に対し、作業手順遵守、作業場所の状況及び安全確認の打ち合わせが行われていなかった。

③ 工事作業者については、配置された現場で、作業場所の安全確認及び安全確保を行わずに安易に作業にとりかかった。

(2) 事故防止対策

　事故防止対策としては、工事管理面においては以下にあげる事項について実施されることが望まれる。

① 請負業者に対する作業規定を作成し、請負業者の作業者の安全確保について規定する。

② 事前に作業計画書を請負業者に提出させ、工場の工事管理責任者の事前承認のもと作業を行わせる。

③ 作業前には工場の工事管理責任者と請負業者の作業責任者との事前打ち合わせを義務づけ、作業内容について確認する。

　このように、工事発注責任者、工事請負責任者及び工事作業従事者の連係を確実に行い、作業手順を周知し、工事における安全作業環境を整えなければならない。

　また、事故の直接の原因となった天井走行クレーンについては

① 給電方式をトロリー線集電方式からキャブタイヤケーブル吊架に変更する。また、他のクレーンについては、使用状況に応じて絶縁防護形に取り替える。

② 電源スイッチの取付け場所をクレーン直下に変更する。

③ 電源スイッチを漏電遮断器型に取り替える。

など施設面での改良を行い、電気設備自身の危険性を取り除き、作業環境の安全をハード面からも充実させることが望まれる。

　この事故については、工事を行うに当たり、作業手順等の事前確認及び現場における作業者の安全確認がいかに大切であるかといったことが主題である。

　しかし、当工場の電気施設について見た時、電源スイッチが接触電線に近く、操作しやすい場所になかったこと、また接触電線の電圧の有無を示す表示灯等をつけるといったような安全対策が取られていなかったなど、電気施設に対する安全意識が十分でなかったことも指摘される。当工場においては電気施設について、事故防止対策の中で見直され改善されたが、裸線が通路の上に設置されていたり、漏電遮断器が設置されていなかったり、電気設備及び機械が未接地であったりするような工場も決して少なくない。電気施設の管理者は、今一度自社の設備について見直して頂きたいものである。

電気事故事例 No6
水中作業時の感電死亡事故

事　業　場　　印刷機械製造工場
事故発生箇所　　工場内基礎工事箇所

1　事故の発生場所

　事故の発生した事業場は、受電電圧6.6kV、受電電力1,300kW の印刷機械製造工場であり、専任の第三種電気主任技術者が選任されていた。当事業場では、新規に大型金属加工機械を設置する工事が進められていた。7月下旬より、土木工事業者が工場建屋内で基礎施工のための掘削工事を行っていた。掘削部分は、縦6m、横7m の面積で掘り始め、深さ2.5mを掘ったところで、地下水が湧き出したため、水中ポンプ（単相100V、400W）で排水しながら作業を進めていた。

　予定していた深さ4mを掘り終え、8月の初旬には、掘削部底部に基礎砕石を均等に敷く作業を始めるところであった。涌水量が深さ2.5m の時よりも多くなってきたので、今まで使用していた水中ポンプでは排水能力が足りず、三相200V、1.5kW の水中ポンプに取り替えて、作業を進めることとした。

　今回の事故は、この200V の水中ポンプを使用している時に掘削部底部で発生した。

　なお、基礎工事は、印刷機械製造会社から元請業者の A 社に発注され、さらに一次下請業者の B 社、二次下請業者の C 社に委託されていた。

2　事故の発生状況

　事故当日の午前11時頃、一次下請の B 社社員（以下、「被災者」という。）は、200V の水中ポンプの電源をどの分電盤から分岐したらよいか当事業場係員に尋ねた。

　機械係員は、掘削部上部の付近にある動力用分電盤（壁掛露出型のもの）内の配線用遮断器（3P30AF/AT）に接続するよう被災者に指示した。また、その時に水中ポンプの接地線を分電盤内の接地端子に接続し、さらに、漏電遮断器を使用するよう併せて指示した。

　11時30分頃、被災者は、水中ポンプ電源線のキャブタイヤケーブルを指示された配線用遮断器に接続した。しかし、接地線を接地端子に接続せ

ず、漏電遮断器も使用しなかった。

　このとき指示をした機械係員も、使用前に接続状態の確認を行わなかった。これは、被災者が作業経験16年のベテランであったことと、今まで使用していた100Vの水中ポンプでは被災者が接地線の接続、漏電遮断器の取り付けを確実に行っていたため、機械係員は、被害者が指示どおりの接続等を実施するものと信頼していたからである。

　昼休みの後、13時から二次下請けのC社社員（以下「C」という。）が、新しく取り付けた200Vの水中ポンプを用いて、掘削部底部の排水作業を始めた。

　底部に溜まった水は順調に排水され、水深は30cmぐらいと浅くなってきた。14時40分頃、Cは水中ポンプを底部の一番深くなっている所へ移動しようと水中ポンプの案内綱を左手で持ち上げ、右手で土止め用のH型鋼に手をかけた。この瞬間、Cは金縛りとなった。

　掘削部上部でこれを見ていた被災者と元請のA社社員（以下「A」という。）は不審に思い、上部からCに声をかけたが返事はなかった。このとき、Cは金縛りで声が出せない状態にあった。

　被災者はCを救助しようとして、掘削部に仮設してあったアルミ製はしごを伝わって、底部に降りた時、電気的ショックを感じたのか、「電気が来ている。」と大声を上げた。

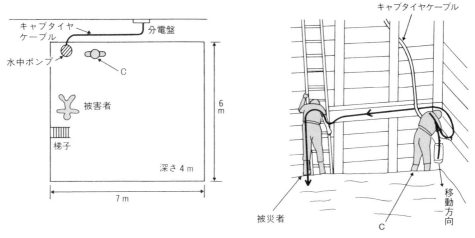

災害発生時の配置と電流の流れ

　上部にいたAは、急いで分電盤まで走り、水中ポンプのキャブタイヤケーブルを一気に引抜いた。Aは振返って掘削部底部をのぞくと、被災者とCが二人とも水の中に倒れていた。Aは急いで当事業場職員に応援

を求めた。

　14時50分、職員は救急車の手配、電気主任技術者、関係者への連絡を行った。感電のショックの解けたＣは、自力で上部へ退出し、職員らは、意識不明となった被災者を担架に乗せ、クレーンで上部へ吊り上げた後、救急車の到着まで、人工呼吸を行った。

　15時10分、救急車が到着し、被災者は応急手当てを受けながら病院に運ばれた。また、感電のショックを受けたＣも外傷はなかったが、念のため救急車で病院に運ばれた。

　被災者は、病院にて手当を受けたが、15時45分に死亡が確認された。死因は感電による心臓の機能停止であった。

　Ｃは診察の結果、異常はなく、次の日から平常どおりの勤務についた。

3　事故原因と事故防止対策

(1) 事故原因

　事故後の調査で、配線用遮断器の締付けビスの頭に遊離していた接地線が接触した痕跡があったこと。ビスの頭に接地線の素線（長さ約３mm）一本が付着していたことが判明した。

　このことから推察すると、水中ポンプのキャブタイヤケーブルを配線用遮断器に接続する時、分電盤内の接地端子に接地線を接続しなかったため、

① 遊離していた長さ160mm の接地線の素線の一部が配線用遮断器一次側 T 相の鋼バー締付けビスの頭に接触し、

② キャブタイヤケーブルの接地線から水中ポンプの金属製外箱部分より、湧水（泥水）を通じ、大地へと漏電していたことが考えられる。

　この漏電状態で、Ｃが水中ポンプを移動しようと左手で持ち上げた瞬間、電流は、水中ポンプ外箱からＣの左手、そして体を通して右手より土止め用の H 型鋼へ流れた。

　一方、Ｃの救助に向った被災者は、はしごを伝って下へ降り、足が水につかったままで、通電状態にある土止め用の H 型鋼に触れた。

　そのため、電流が被災者の体を通って湧水に流れ、被災者を死に至らしめたものと推定される。

(2) 事故防止対策

① 水中ポンプを使用する時は、電源には漏電遮断器を設置する（電技解釈第36条）。

② 水中ポンプの金属製外箱の接地を施す（電技解釈第29条）。

③ 水中ポンプのキャブタイヤケーブルを低圧屋内配線に接続する時は、差込接続器を使用する（電技解釈第171条）

④ 作業実施前には、電気主任技術者から下請作業者までを含め、作業内容の理解と安全対策に関してのミーティングを実施する。

⑤ 電気主任技術者あるいは電気担当者は、適宜工事業者の施工状況をパトロールし、作業安全に配慮する。

とかく低圧は、高圧・特別高圧に比べ、危険に対する意識が低く、軽視されやすい。このため、自家用電気工作物構内において、基本的な電気工事の施工方法を理解しない者が工事を行った結果、技術基準に適合しない設備が施設され、今回のような事故を引き起こすこととなる。

このような電気事故を未然に防止するには、技術基準の主旨をよく理解し、きめ細かい箇所への漏電遮断器の取り付け等を行い、また、低圧の恐ろしさについても再認識していただきたい。

電気事故事例 No 7
第三者の不注意による感電死亡事故

　　　　　　事　業　場　　軽金属加工工場
　　　　　　事故発生箇所　　ホイスト式クレーン用
　　　　　　　　　　　　　　トロリー線

1　事故の発生場所

　事故が発生した事業場は、軽金属加工工場で、受電電圧66kV、受電電力14,600kW の大規模の自家用施設である。

　この事故は、工場 a 棟矯正機の移載装置上のクレーン用トロリー線（220V）により発生したものである。

2　事故の発生状況

　A 氏、B 氏は横送装置、C 氏（被災者）は S 2 ラインの修理のために、構内トラックに同乗して現場に向かった。

　A 氏、B 氏は修理中に、積込装置の修理依頼を受け、横送装置修理後、積込装置へ向かった。（B 氏は現場を離れた。）

　C 氏は S 2 ラインの修理中であった。A 氏は修理のためにロール矯正機（1 号機）を操作盤③（図 4 − 6 −11）で自動スタートしたが、移載部の横行はなく、操作盤④（図 4 − 6 −11）で、手動に切換えたが、横行しなかった。

　故障原因をわかりかねていると、S 2 ラインのところに C 氏がいるのに気がついた。

　A 氏は C 氏に修理を頼むため、C 氏のいる Ⓐ 地点へ向かった。

　C 氏は S 2 ラインの修理を終えてしばらく状態を見ていた。A 氏は、不調状況を説明しながら、C 氏とともに Ⓑ 地点へ歩いた。

　C 氏は説明を受けた後、了解の返事をして、そのまま移載部の上へ上がってポール部を見ていた。上で 2 〜 3 分ほど調整していたら、移載部が少し横行したので止めた。その後、移載部を 2 号機側へ横行させた。

　同時に A 氏は操作盤③から操作盤⑤（図 4 − 6 −11）へ移動した。また、操作盤⑥（図 4 − 6 −11）で、自動から手動への切替を行った。

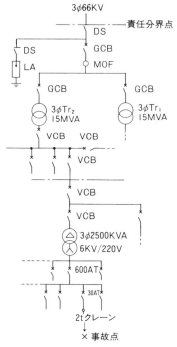

3φ66KV

単線結線図

　次にＣ氏はＡ氏の了解を得て、移載部上限リミットの位置を少し下げ、しばらく移載部上にいた。Ａ氏は操作盤⑥（図４－６－11）の前にしばらくいた。

　そのとき、ちょうど居合わせたＤ氏が、Ｓ２ライン（コンベア）にラック（形材を入れる容器）がうまく流れていないといってきた。

　Ａ氏は、そのラックを正常にするために、ホイスト式クレーンの方へ行き、運転してラックを吊り、積降し装置の方向へ移動させた。

　Ｓ２ライン近くにいたＥ氏が“アッ”と言ったので、Ａ氏はすぐにクレーンを止めた。

　あたりを見ると、Ｃ氏が移載部上のモーターの上で座りこんでいた。すぐに、移載部上より降ろして、タンカに乗せて車で病院へ急行した。病院では人工呼吸をしたが、回復せず死亡した。

　Ｃ氏は近づいてくるクレーンに驚き、矯正機のポールに身体を打ち、そのはずみで、頭上の220Ｖトロリー線に接触して、感電した。右の首筋から流入し、左手甲より流出した跡があった。

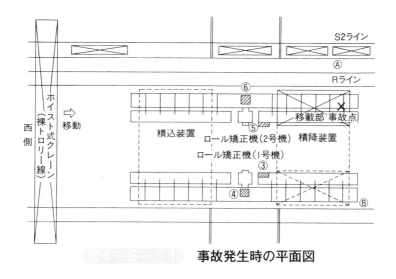

事故発生時の平面図

3　事故原因と事故防止対策

（1）事故原因

　事故の発生原因としては、次の2つが考えられる。

　第1に被災者が移載部上にいることを忘れて、クレーンを操作したこと。（操作員の注意不足、うっかりミス）

　第2に、各人が1人作業を実施したこと。（作業時の連絡体制の欠如）である。

（2）事故防止対策

　この事故の原因から考えられる事故防止対策としては、次の事項があげられる。

　（1）積降・積込装置の上で作業を行う時は、同装置上を天井走行クレーンが走行できないように、走行レールにストッパーを取り付ける。

　（2）勤務態様が4組3交替制であるので、各組に対して教育指導項目に従って、設備故障時の対処方法の周知徹底をはかる。

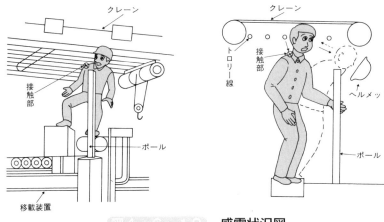

図4-6-12 感電状況図

(3) 設備管理規程・設備修理基準等の見直し、改訂を実施する。

(4) 機械設備の新設・変更・改造等の際、安全に係る事前評価体制の確立を図る。

① 事前評価は役員・部課長が常時行うものとし、特に安全パトロール・安全点検を重要項目とする。

② 安全管理室（保安担当）は事前評価の取りまとめを担当する。

(5) 職場における不安全状態・不安全行為のチェック体制の確立と活動の活発化を図るとともに、同種の状態・行為の再発を防止するための対策を企画し、執行する体制を確立する。

① 安全管理室員は総括安全衛生管理者・副総括安全衛生管理者とともに、常時工場をパトロールし、違反ある場合、安全勧告書を発行する。

② 事故防止の対策・企画は、安全管理室より、安全衛生委員会（毎月末開催）、あるいは、安全パトロール（毎月1回初旬実施）専門委員会に案を提出し、審議し、決定・実施する。

③ 各課の課長が、毎週、各課の安全点検を実施する。

この事故は、人為的ミスで起きたものであり、これからもヒューマン・エラーに対して意識を強く持ち、作業者への保安教育・指導等を実施し、事故を未然に防止したいものである。

電気事故事例 No8

ミキサー内でアーク溶接機の溶接棒で感電死亡事故

事　業　場　　　セメント製品製造工場

事故発生箇所　　交流アーク溶接機の溶接棒

1　事故の発生場所

　この事故は、コンクリートミキサーの修理のため使用していた交流アーク溶接機の溶接棒で感電死亡した事例である。

(1) 事業場の概要

① 受電電圧：6.6kV

② 受電電力：110kW

③ 事業場：セメント製品製造業

④ 主任技術者選任形態：外部委託

(2) 事故の概要

① 件　名：公衆感電死亡事故

② 事故発生時期：7月中旬

③ 事故発生の電気工作物：交流アーク溶接機の溶接棒

④ 事故の原因：被害者の過失（コンクリートミキサー修理会社作業員）

⑤ 被害者の作業経験年数：25年

2　事故の発生状況

(1) 事故当日は、地元の夏祭りのため当該事業場の休業日であった。コンクリートミキサーの修理会社作業員（58才）（以下「被災者」という。）は同僚1名と到着した。

(2) 当初8時30分の到着予定であったが、渋滞に巻き込まれ11時30分に到着した。到着が遅いので待っていた工場の社員は、本日の作業を中止と思い帰宅していた。

(3) 被災者と同僚の2名は以前にも同工場のコンクリートミキサーの設置や修理で訪問しており、作業場所や作業内容も判っていたので、11時30分頃からコンクリートミキサーの修理作業に着手した。

(4) 昼休後は、コンクリートミキサー内の金属板羽根の溶接作業の予定であったが溶接機を持参しなかったので、工場内に置いてあった交流アーク溶接機（41kVA）を借用した。また、溶接機設置場所から作業場所

まで約30m 離れていたため、持参した溶接用ケーブルを途中で接続して延長し、作業を開始した。

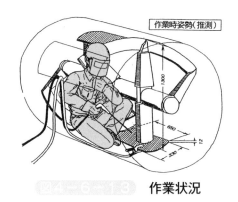

作業状況

(5) 最初にコンクリートミキサー内に同僚と2名で入り、金属板羽根の仮付け溶接作業を行った。

(6) 仮付け溶接作業が終了したので、同僚がコンクリートミキサー内から出た後、被災者は15時頃から本付け作業を開始した。

(7) 被災者が15時頃から溶接作業を開始したので、同僚は工場内作業場所の後片付けを行い、15時20分頃コンクリートミキサー付近に戻ると、「ウォー」という声が聞こえたので、コンクリートミキサー内部を覗くと、被災者が仰向けに倒れていた。

(8) 同僚は溶接棒で感電したと思い、被災者が持っていた溶接用ホルダを引き離した。

(9) 狭いコンクリートミキサー内から一人での救出は困難と判断し、直ちに所持していた携帯電話で救急車を手配するとともに、溶接機1次側の専用100A 開閉器を開放した。

(10) 被災者は数分後に到着した救急隊員により救出され、救急車で近くの市立病院に搬送された。

(11) 通電経路は溶接棒→左胸部→右足ふくらはぎ→コンクリートミキサー金属フレーム→大地であった。

図4-6-14　事故発生時のコンクリートミキサー

3　事故原因と事故防止対策

（1）事故原因
① 酷暑の中での作業であり、被災者自身が汗まみれとガスの発生で体調に異変を来した。
② 狭あいな場所での作業であり、安定した作業姿勢が取れなかった。
③ 交流アーク溶接機を持参しなかったため、工場内にあった電撃防止装置が付いていない交流アーク溶接機を使用した。

（2）事故防止対策
① 酷暑の中、狭あいなところでの作業は、スポット冷却器等を使用し良好な作業環境を維持する。
② 電撃防止装置付きのアーク溶接機を使用する。
③ 保安規程に定める保安教育の指導を受ける。

電気事故事例 No9
工場内で発生した感電死亡事故

事　業　場　　　金属加工工場
事故発生箇所　　低圧ケーブル

1　事故の発生場所

　この事故は、金属加工業の事業場で雨樋の取替のためインパクトドリルで誤って低圧ケーブルを貫通して感電死亡した事例である。

(1) 事業場の概要
　① 受電電圧：6.6kV
　② 受電電力：－kW
　③ 事業場：金属加工業
　④ 主任技術者選任形態：外部委託

(2) 事故の概要
　① 件名：公衆の感電死亡事故
　② 発生電気工作物：充電式インパクトドリル
　③ 事故原因：被害者の過失
　④ 被害内容：インパクトドリルで低圧ケーブルを貫通

2　事故の発生状況

　被災者（建築会社従業員）は社長（同会社）と共に7時30分頃当該事業場に到着した。社長は被災者に作業内容を説明した後、他の現場へ向かったため、午前8時からは被災者一人で作業を開始した。作業内容は工場外壁（スレート張り）にある雨樋を取替えるため、固定用支持サドルを充電式インパクトドリルでスレートへ向けてタッピングビスを打ち込むものであった。

　午前中の作業は無事に終えて再び13時頃から作業を開始した。

　被災者は引下げ用樋のサドルを順次取付け、地上2m程度の高さの位置に固定用サドルを取付けようとスレート内にタッピングビスを打ち込んだ時、ビス先端が工場内分電盤付近の低圧ケーブルを貫通し、心線に接触したため感電した。

　被災者は両手が汗まみれ状態で軍手を着用し、右手でインパクトドリルのグリップ（樹脂製）を、左手でハンマーケース部分（金属製）を握って

体重を掛けてビスを打ち込んでいた。

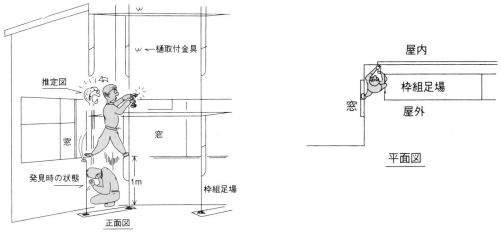

感電災害の作業推定図

3　事故原因と事故防止対策

（1）事故原因

　工事前に施主との打ち合わせや事前調査が行なわれていなかったため、電気設備付近で工事を行っていることに全く気が付かず、インパクトドリルで打ち込んだビスが低圧 SV ケーブルを貫通し、心線に接触したため感電した。

（2）事故防止対策

　この事故は電気設備に「無意識」のうちに接近していることである。この防止対策としては、以下のことが考えられる。

① 建物工事等を行う場合、施主はその付近の作業環境を確かめて危険性があれば対策を施す。（電気主任技術者等に指導を受ける。）

② 電気設備付近での作業は停電してから行う。

③ 電気の危険性について日頃から従業員に教育を実施し、安全意識を高める。

電気事故事例 No10
移動用機器の試運転時における感電負傷事故

事　業　場　　　研究所
事故発生箇所　　　単相交流200V 接地極付
　　　　　　　　コンセント

1　事故の発生場所

　この事故は、研究所の自家用電気工作物において、無資格者が設置工事を実施した単相交流200V 接地極付コンセントから遠心機までの設備の試運転時に、感電負傷した事例である。

(1)　事業場の概要

① 受電電圧：6.6kV
② 受電電力：385kW
③ 事業場：研究所
④ 主任技術者選任形態：外部委託

(2)　事故の概要

① 事故発生月：5月　天候　晴
② 事故発生の電気工作物：単相交流200V 接地極付コンセント
③ 事故の原因：コンセント回路の配線の施工不良
④ 被災者：従業員　男性
⑤ 被災内容：左手電撃傷・左手切創　全治1週間
⑥ 被災者の服装：白衣、作業用ズボン、ゴム底靴

2　事故の発生状況

　事故発生の2ヵ月前に作業員が研究室で遠心機を使用するためコンセント（単相交流200V 接地極付）の設置工事を行った。
　このとき作業員は、動力用分岐開閉器より3心VVFケーブルを用いて、三相交流200V を当該コンセントに配線する時に、三相3線の内の2線のみをコンセントの端子に接続すべきところを図4－6－16 bのように3線とも接続した。

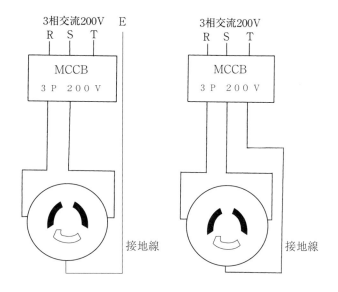

a　正結線　　　　　　　　b　誤結線（接地線がT相に接続されている）

コンセント（単相交流200V 接地極付）

　事故発生当日、被災者は1名で遠心機の試運転を行おうとして、図4-6-17の遠心機のプラグ（単相交流200V30A）をコンセントに差込み、床面の水平度を確認するために、水準器を左手に持って側壁と遠心機の40cm 程の間に手を入れた。その時、床面より約20cm 突き出していた金属製水道管に左手肘が触れた瞬間、激しい電撃を受けた。

　あわてて体を後ろに反らし左手を引き抜いた時に左手親指の付け根部に切創傷を負った。

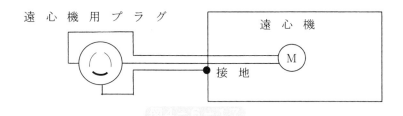

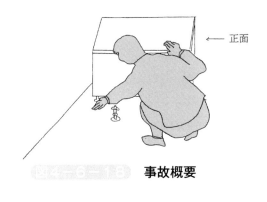

← 正面

事故概要

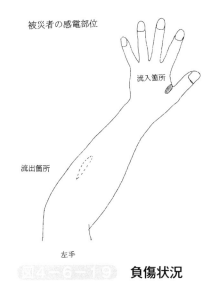

被災者の感電部位

流入箇所

流出箇所

左手

負傷状況

3　事故原因と事故防止対策

(1)　事故原因

事故の原因としては、次の4つが考えられる。

① 作業員が単相交流コンセント回路（接地極付）の接地極に誤って三相交流200Vの動力電源のT相をつなぎ込んでしまった。（施工不良）

② 現場連絡責任者から、電気主任技術者に工事の事前連絡がなく、電気主任技術者の指示のないまま施工が行われた。

③ 電気工事を無資格の作業員が行った。

④ 当該コンセント回路の電源側に漏電遮断器が未設置であった。

(2)　事故防止対策

事故の再発防止対策として次の事項を実施することにした。

① 連絡責任者は簡易な電気工事であっても、工事計画段階で電気主任

技術者（電気保安法人）へ連絡するとともに工事について指導を受ける。

② 電気工事の作業範囲に適する有資格者に施工させる。

③ 安全な電気設備工事を行うため、独自に電気工事仕様書を作成し、それに基づき電灯・動力回路コンセントの増設・改修を行う。

　ア　機械器具の接地は、機器外箱の接地端子に接続された接地線の外れ、切断等を防止するため、機器の接地工事は接地極付プラグ・コンセントを使用する。

　イ　接地線は線色を緑色に統一する。

　ウ　単相200V のコンセント回路は、地絡事故時、機器外箱の対地電圧を低減するため、電灯変圧器（単相3線式交流210／105V）より200V を供給する。

　エ　移動用機器のコンセント回路に漏電遮断器を設置する。

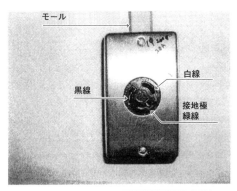
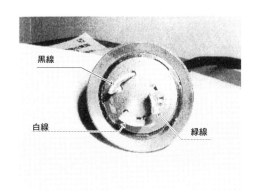

図4－6－20　工事仕様書に基づく線色

第5編

実技教育

労働安全衛生特別教育規程第6条では、実技に関する具体的な教育項目についての記述はありません。

　本テキストでは、実技教育の例として、1時間の実技教育で可能となる「充電部分が露出している開閉器の操作」の業務を安全に遂行できるように、必要な作業項目（検電器の取扱、通電禁止札の取付け、低圧ゴム手袋の着用等）を織り込んだ実技教育を記載しています。

　なお、「低圧の充電電路の敷設若しくは修理の業務」に従事される場合は、7時間以上の実技教育が義務付けられています。

〔実技教育例〕

1　内　容

　配線用遮断器（MCCB3）が不良という設定で、充電部が露出した開閉器（開閉器1）を開放して回路を停電し、不良配線用遮断器の取替後、復電操作を行うという内容の作業を各受講者が模擬で行います。（次頁の作業手順書に従い、模擬配電盤上で手順番号4から21までの操作等を行います。）

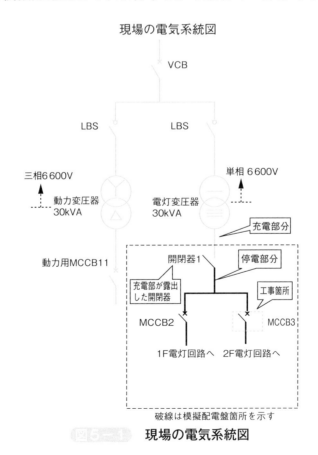

現場の電気系統図

2　実技の準備

(1)　班の編成

　机を移動させて数名の班をつくります。

(2)　実技機材の準備

　各班ごとに、実技で使用する模擬配電盤、工具等を準備します。

（工具等）

低圧検電器、低圧用絶縁用ゴム手袋、通電禁止札、電工ドライバー、ビニル絶縁テープ等

作 業 手 順 書

計画箇所審査印		実施箇所審査印	
担　当	責任者	作業指揮者	実施箇所の長
岡田	山田	鈴木	井上

要回付先
・○○課　　(済)不要)
・△△課　　(済)不要)
・□□工事会社 (済)不要)
・その他
　(○○○)　(　済　)

作業件名	2F配線用遮断器(MCCB3)端子部過熱による取替作業	作業日時	○月△日
作 業 内 容		2F配線用遮断器(MCCB3)の停電作業による取替	

備　考：MCCB3端子部過熱のため、取替時に注意のこと

手順番号	作 業 手 順 操 作 事 項	備 考	操作者	実施チェック	実施時刻
	《作業前》				
1	安全確認事項のチェック		全員		
2	作業前ミーティング	作業手順・役割分担・連絡体制ほか	全員		
3	危険予知活動	「危険予知活動表」による	全員		
4	工具・保護具・検電器等点検	服装等もチェックする	全員		
5	停電操作開始の連絡・指示	関係各所全員に周知	△△		
6	MCCB 2,3「開放」		□□		
7	保護具着用	低圧ゴム手袋着用	□□		
8	開閉器 1「開放」		□□		
9	開閉器 1に通電禁止札取付		□□		
10	開閉器 1に誤通電防止措置	絶縁テープの貼り付け	□□		
11	MCCB 3電源側検電		□□		
12	作業開始指示		□□		
	作業	MCCB3取替(端子部過熱注意)	□□		
	《作業後》				
13	終了点検　(結線、端子の締付け、付着物無し等の確認)		□□		
14	作業員点呼(人員掌握)	以降、電路近接禁止の全員への周知	□□		
15	送電操作開始連絡・指示		△△		
16	保護具着用	低圧ゴム手袋着用	□□		
17	開閉器 1の誤通電防止措置解除	絶縁テープの取外し	□□		
18	開閉器 1の通電禁止札撤去		□□		
19	MCCB 2,3の「開放」確認		□□		
20	開閉器 1「投入」	MCCB2,3電源側電圧の確認	□□		
21	MCCB2,3「投入」	点灯確認	□□		
22	終了報告	関係者全員に周知	△△		
23	終了ミーティング	作業の反省、後片付け指示ほか	全員		

※ MCCB3の取替作業は、講習の主な目的ではないため、簡略化する。

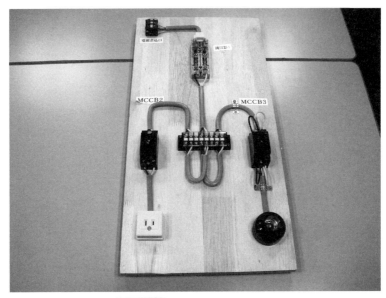

模擬配電盤の例

3 実技の進め方

(1) 講師による実演

　講師が、受講者の前で作業手順書に従って作業を行いながら、各手順や留意点等の説明を行います。

(2) 各班での作業

　各班の中で、作業者と作業指揮者を決めて、手順書に従って作業を行います。その他の受講者は作業を観察します。

　1組目が作業を終了したら、他の受講者が交替して作業を行い、全受講者が作業指揮者と作業者を経験して終了とします。

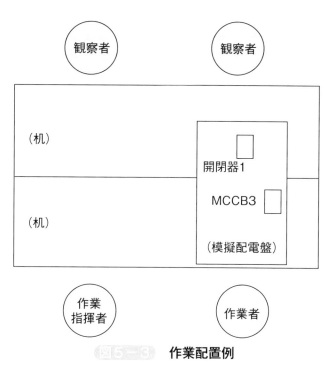

図5−3　作業配置例

第6編

関係法令

関係法令

この章では労働安全衛生法の大要とその中で低圧電気取扱特別教育がどのように定められているかを知り、厚生労働省令に基づく電気による危険防止の基準について学習します。

労働安全衛生法の制定について

戦後、日本は驚異的な経済成長を遂げました。多くの企業が新たな技術を次々と取り入れ機械や設備の大型化、高速化、自動化が進みました。しかし、それに伴い、労働災害が著しく増え、大きな社会問題となったのです。そこで労働災害を防止するため、昭和47年（1972年）に労働基準法から分離独立し、労働安全衛生法が制定され国を挙げた取り組みにより、労働災害の死傷者数は劇的に減少しました。

労働災害による死亡者数の推移は図6－1－1のとおりです。

出典：厚生労働省「労働災害発生状況」を参考に作成

図6－1－1　労働災害による死亡者数の推移

1　労働安全衛生法（抄）

昭和47年6月8日　法律第57号

最終改正　令和4年6月17日　法律第68号

第1章　総　則

第1章では、労働安全衛生法の目的、使われる用語の意味・内容を示す定義など、この法律全体に適用される一般的、包括的な事項を規定しています。

（目　的）

第1条　この法律は、労働基準法（昭和22年法律第49号）と相まって、労働災害の防止のための危害防止基準の確立、責任体制の明確化及び自主的活動の促進の措置を講ずる等その防止に関する総合的計画的な対策を推進することにより職場における労働者の安全と健康を確保するとともに、快適な職場環境の形成を促進することを目的とする。

（定　義）

第2条　この法律において、次の各号に掲げる用語の意義は、それぞれ当該各号に定めるところによる。

1. 労働災害

　労働者の就業に係る建設物、設備、原材料、ガス、蒸気、粉じん等により、又は作業行動その他業務に起因して、労働者が負傷し、疾病にかかり、又は死亡することをいう。

2. 労働者

　労働基準法第9条に規定する労働者（同居の親族のみを使用する事業又は事務所に使用される者及び家事使用人を除く。）をいう。

3. 事業者

　事業を行う者で、労働者を使用するものをいう。

3の2. 化学物質

　元素及び化合物をいう。

4. 作業環境測定

　作業環境の実態をは握するため空気環境その他の作業環境について行うデザイン、サンプリング及び分析（解析を含む。）をい

う。

（事業者等の責務）

第3条　事業者は、単にこの法律で定める労働災害の防止のための最低基準を守るだけでなく、快適な職場環境の実現と労働条件の改善を通じて職場における労働者の安全と健康を確保するようにしなければならない。また、事業者は、国が実施する労働災害の防止に関する施策に協力するようにしなければならない。

2　機械、器具その他の設備を設計し、製造し、若しくは輸入する者、原材料を製造し、若しくは輸入する者又は建設物を建設し、若しくは設計する者は、これらの物の設計、製造、輸入又は建設に際して、これらの物が使用されることによる労働災害の発生の防止に資するように努めなければならない。

3　建設工事の注文者等[※2]仕事を他人に請け負わせる者は、施工方法、工期等[※3]について、安全で衛生的な作業の遂行をそこなうおそれのある条件を附さないように配慮しなければならない。

解説

※1　「建設物を建設する者」とは、当該建設物の建設を発注した者をさすものであること。

※2　「建設工事の注文者等」には、建設工事以外の注文者も含まれること。

※3　「工期等」には、工程、請負金の費目等が含まれるものであること。

（昭和47年9月18日基発第602号）

第4条　労働者は、労働災害を防止するため必要な事項を守るほか、事業者その他の関係者が実施する労働災害の防止に関する措置に協力するように努めなければならない。

第2章　労働災害防止計画（第6条～第9条）

　第2章では、労働災害を減少させるために、国が労働災害防止計画について定めています。

第3章　安全衛生管理体制（第10条～第19条の3）

　第3章では、安全管理者、衛生管理者、産業医、作業主任者などの選任や安全衛生委員会の設置といった事業場での安全衛生管理体制について定

めています。

　また、建設業や造船業などの下請が混在して作業を行う事業場における安全衛生管理体制については、統括安全衛生責任者、元方安全衛生、店社安全衛生管理者および安全衛生責任者の選任などについて定めています。

（総括安全衛生管理者）

第10条　事業者は、政令で定める規模の事業場ごとに、厚生労働省令で定めるところにより、総括安全衛生管理者を選任し、その者に安全管理者、衛生管理者又は第25条の2第2項の規定により技術的事項を管理する者の指揮をさせるとともに、次の業務[1]を統括管理させなければならない。

1. 労働者の危険又は健康障害を防止するための措置に関すること。
2. 労働者の安全又は衛生のための教育の実施に関すること。
3. 健康診断の実施その他健康の保持増進のための措置[2]に関すること。
4. 労働災害の原因の調査及び再発防止対策に関すること。
5. 前各号に掲げるもののほか、労働災害を防止するため必要な業務で、厚生労働省令で定めるもの

2　総括安全衛生管理者は、当該事業場においてその事業の実施を統括管理する者[3]をもつて充てなければならない。

3　都道府県労働局長は、労働災害を防止するため必要があると認めるときは、総括安全衛生管理者の業務の執行について事業者に勧告することができる。

解説

※1「業務を統括管理する」とは、第1項各号に掲げる業務が適切かつ円滑に実施されるよう所要の措置を講じ、かつ、その実施状況を監督する等当該業務について責任をもって取りまとめることをいうこと。

※2「その他健康の保持増進のための措置に関すること」には、健康診断の結果に基づく事後措置、作業環境の維持管理、作業の管理及び健康教育、健康相談その他労働者の健康の保持増進を図るため必要な措置が含まれること。

※3「事業の実施を統括管理する者」とは、工場長、作業所長等名称の如何を問わず、当該事業場における事業の実施について実質的に統括管理する権限および責任を有する者をいうものであること。

（昭和47年9月18日基発第602号、昭和63年9月16日基発第601号の1）

（安全管理者）

第11条　事業者は、政令で定める業種及び規模の事業場ごとに、厚生

労働省令で定める資格を有する者のうちから、厚生労働省令で定めるところにより、安全管理者を選任し、その者に前条第1項各号の業務（第25条の2第2項の規定により技術的事項を管理する者を選任した場合においては、同条第1項各号の措置に該当するものを除く。）のうち安全に係る技術的事項[※1]を管理させなければならない。

2　労働基準監督署長は、労働災害を防止するため必要があると認めるときは、事業者に対し、安全管理者の増員又は解任を命ずることができる。

解説

※1 「安全に係る技術的事項」とは、必ずしも安全に関する専門技術的事項に限る趣旨ではなく、総括安全衛生管理者が統括管理すべき第10条第1項の業務のうち安全に関する具体的事項をいうものと解すること。

（昭和47年9月18日基発第602号）

（衛生管理者）

第12条　事業者は、政令で定める規模の事業場ごとに、都道府県労働局長の免許を受けた者その他厚生労働省令で定める資格を有する者のうちから、厚生労働省令で定めるところにより、当該事業場の業務の区分に応じて、衛生管理者を選任し[※1]、その者に第10条第1項各号の業務（第25条の2第2項の規定により技術的事項を管理する者を選任した場合においては、同条第1項各号の措置に該当するものを除く。）のうち衛生に係る技術的事項[※2]を管理させなければならない。

2　前条第2項の規定は、衛生管理者について準用する。

解説

※1 「当該事業場の業務の区分に応じて、衛生管理者を選任し」とは、その事業場において行なわれる坑内労働その他労働衛生上有害な特定の業務については一般の衛生管理者のほかに衛生工学衛生管理者を置くべきこととした趣旨であること。

※2 「衛生に係る技術的事項」とは、必ずしも衛生に関する専門技術的事項に限る趣旨ではなく、総括安全衛生管理者が統括管理すべき第10条第1項の業務のうち、衛生に関する具体的事項をいうものと解すること。

（昭和47年9月18日基発第602号）

（安全衛生推進者等）

第12条の2　事業者は、第11条第1項の事業場及び前条第1項の事業

場以外の事業場で、厚生労働省令で定める規模のものごとに、厚生労働省令で定めるところにより、安全衛生推進者（第11条第1項の政令で定める業種以外の業種の事業場にあつては、衛生推進者）を選任し、その者に第10条第1項各号の業務（第25条の2第2項の規定により技術的事項を管理する者を選任した場合においては、同条第1項各号の措置に該当するものを除くものとし、第11条第1項の政令で定める業種以外の業種の事業場にあつては、衛生に係る業務に限る。）を担当させなければならない。

（産業医等）

第13条　事業者は、政令で定める規模の事業場ごとに、厚生労働省令で定めるところにより、医師のうちから産業医を選任し、その者に労働者の健康管理その他の厚生労働省令で定める事項（以下「労働者の健康管理等」という。）を行わせなければならない。

2〜6略

（統括安全衛生責任者）

第15条　事業者で、一の場所において行う事業の仕事の一部を請負人に請け負わせているもの（当該事業の仕事の一部を請け負わせる契約が2以上あるため、その者が2以上あることとなるときは、当該請負契約のうちの最も先次の請負契約における注文者とする。以下「元方事業者」という。）のうち、建設業その他政令で定める業種に属する事業（以下「特定事業」という。）を行う者（以下「特定元方事業者」という。）は、その労働者及びその請負人（元方事業者の当該事業の仕事が数次の請負契約によつて行われるときは、当該請負人の請負契約の後次のすべての請負契約の当事者である請負人を含む。以下「関係請負人」という。）の労働者が当該場所において作業を行うときは、これらの労働者の作業が同一の場所において行われることによつて生ずる労働災害を防止するため、統括安全衛生責任者を選任し、その者に元方安全衛生管理者の指揮をさせるとともに、第30条第1項各号の事項を統括管理させなければならない。ただし、これらの労働者の数が政令で定める数未満であるときは、この限りでない。

2　統括安全衛生責任者は、当該場所においてその事業の実施を統括管理する者をもつて充てなければならない。

3　第30条第4項の場合において、同項のすべての労働者の数が政令で定める数以上であるときは、当該指名された事業者は、これらの労働者に関し、これらの労働者の作業が同一の場所において行われ

ることによつて生ずる労働災害を防止するため、統括安全衛生責任者を選任し、その者に元方安全衛生管理者の指揮をさせるとともに、同条第1項各号の事項を統括管理させなければならない。この場合においては、当該指名された事業者及び当該指名された事業者以外の事業者については、第1項の規定は、適用しない。

4　第1項又は前項に定めるもののほか、第25条の2第1項に規定する仕事が数次の請負契約によつて行われる場合においては、第1項又は前項の規定により統括安全衛生責任者を選任した事業者は、統括安全衛生責任者に第30条の3第5項において準用する第25条の2第2項の規定により技術的事項を管理する者の指揮をさせるとともに、同条第1項各号の措置を統括管理させなければならない。

5　第10条第3項の規定は、統括安全衛生責任者の業務の執行について準用する。この場合において、同項中「事業者」とあるのは、「当該統括安全衛生責任者を選任した事業者」と読み替えるものとする。

（元方安全衛生管理者）

第15条の2　前条第1項又は第3項の規定により統括安全衛生責任者を選任した事業者で、建設業その他政令で定める業種に属する事業を行うものは、厚生労働省令で定める資格を有する者のうちから、厚生労働省令で定めるところにより、元方安全衛生管理者を選任し、その者に第30条第1項各号の事項のうち技術的事項[1]を管理させなければならない。

2　第11条第2項の規定は、元方安全衛生管理者について準用する。この場合において、同項中「事業者」とあるのは、「当該元方安全衛生管理者を選任した事業者」と読み替えるものとする。

解説

※1　「技術的事項」とは、法第30条第1項各号の事項のうち安全又は衛生に関する具体的事項をいうものであり、専門技術的事項に限る趣旨のものではないこと。
（昭和55年11月25日基発第647号）

（安全衛生責任者）

第16条　第15条第1項又は第3項の場合において、これらの規定により統括安全衛生責任者を選任すべき事業者以外の請負人で、当該仕事を自ら行うものは、安全衛生責任者を選任し、その者に統括安全衛生責任者との連絡その他の厚生労働省令で定める事項を行わせな

ければならない。

2　前項の規定により安全衛生責任者を選任した請負人は、同項の事業者に対し、遅滞なく、その旨を通報しなければならない。

（安全委員会）

第17条　事業者は、政令で定める業種及び規模の事業場ごとに、次の事項を調査審議させ、事業者に対し意見を述べさせるため、安全委員会を設けなければならない。

1.労働者の危険を防止するための基本となるべき対策に関すること。

2.労働災害の原因及び再発防止対策で、安全に係るものに関すること。

3.前2号に掲げるもののほか、労働者の危険の防止に関する重要事項

2　安全委員会の委員は、次の者をもつて構成する。ただし、第1号の者である委員（以下「第1号の委員」という。）は、1人とする。

1.総括安全衛生管理者又は総括安全衛生管理者以外の者で当該事業場においてその事業の実施を統括管理するもの若しくはこれに準ずる者のうちから事業者が指名した者^{※1}

2.安全管理者のうちから事業者が指名した者

3.当該事業場の労働者で、安全に関し経験を有するもののうちから事業者が指名した者^{※2}

3　安全委員会の議長は、第1号の委員がなるものとする。

4　事業者は、第1号の委員以外の委員の半数については、当該事業場に労働者の過半数で組織する労働組合があるときにおいてはその労働組合、労働者の過半数で組織する労働組合がないときにおいては労働者の過半数を代表する者の推薦に基づき指名しなければならない。^{※3}

5　前2項の規定は、当該事業場の労働者の過半数で組織する労働組合との間における労働協約に別段の定めがあるときは、その限度において適用しない。

解説

※1 「総括安全衛生管理者以外の者で当該事業場においてその事業の実施を統括管理するもの」とは、第10条に基づく総括安全衛生管理者の選任を必要としない事業場について規定されたものであり、同号の「これに準ずる者」とは、当該事業場

において事業の実施を統括管理する者以外の者で、その者に準じた地位にある者（たとえば副所長、副工場長など）をさすものであること。

※2 「安全に関し経験を有するもの」は、狭義の安全に関する業務経験を有する者の

みをいうものではなく、当該事業における作業の実施またはこれらの作業に関する管理の面において、安全確保のために関係した経験を有する者を広く総称したものであること。

※3 「推薦に基づき指名」するとは、第17条から第19条までに定めるところにより、適法な委員の推せんがあった場合には、事業者は第1号の委員以外の委員の半数の限度において、その者を委員として指名しなければならない趣旨であること。

（昭和47年9月18日基発第602号、昭和63年9月16日基発第601号の1）

（衛生委員会）

第18条 事業者は、政令で定める規模の事業場ごとに、次の事項を調査審議させ、事業者に対し意見を述べさせるため、衛生委員会を設けなければならない。

1. 労働者の健康障害を防止するための基本となるべき対策に関すること。
2. 労働者の健康の保持増進を図るための基本となるべき対策に関すること。
3. 労働災害の原因及び再発防止対策で、衛生に係るものに関すること。
4. 前3号に掲げるもののほか、労働者の健康障害の防止及び健康の保持増進に関する重要事項

2 　衛生委員会の委員は、次の者をもつて構成する。ただし、第1号の者である委員は、1人とする。

1. 総括安全衛生管理者又は総括安全衛生管理者以外の者で当該事業場においてその事業の実施を統括管理するもの若しくはこれに準ずる者のうちから事業者が指名した者
2. 衛生管理者のうちから事業者が指名した者
3. 産業医のうちから事業者が指名した者
4. 当該事業場の労働者で、衛生に関し経験を有するもののうちから事業者が指名した者

3 　事業者は、当該事業場の労働者で、作業環境測定を実施している作業環境測定士であるものを衛生委員会の委員として指名することができる。

4 　前条第3項から第5項までの規定は、衛生委員会について準用する。この場合において、同条第3項及び第4項中「第1号の委員」とあるのは「第18条第2項第1号の者である委員」と読み替えるものとする。

解説

※1　第17条の解説※1を参照。

（安全衛生委員会）

第19条　事業者は、第17条及び前条の規定により安全委員会及び衛生委員会を設けなければならないときは、それぞれの委員会の設置に代えて、安全衛生委員会を設置することができる。

2　安全衛生委員会の委員は、次の者をもつて構成する。ただし、第1号の者である委員は、1人とする。

1.総括安全衛生管理者又は総括安全衛生管理者以外の者で当事業場においてその事業の実施を統括管理するもの若しくはこれに準ずる者のうちから事業者が指名した者

2.安全管理者及び衛生管理者のうちから事業者が指名した者

3.産業医のうちから事業者が指名した者

4.当該事業場の労働者で、安全に関し経験を有するもののうちから事業者が指名した者

5.当該事業場の労働者で、衛生に関し経験を有するもののうちから事業者が指名した者

3　事業者は、当該事業場の労働者で、作業環境測定を実施している作業環境測定士であるものを安全衛生委員会の委員として指名することができる。

4　第17条第3項から第5項までの規定は、安全衛生委員会について準用する。この場合において、同条第3項及び第4項中「第1号の委員」とあるのは、「第19条第2項第1号の者である委員」と読み替えるものとする。

解説

※1　第17条の解説※1を参照。　　　　　　　　　　※2　第17条の解説※2を参照。

（安全管理者等に対する教育等）

第19条の2　事業者は、事業場における安全衛生の水準の向上を図るため、安全管理者、衛生管理者、安全衛生推進者、衛生推進者その他労働災害の防止のための業務に従事する者に対し、これらの者が従事する業務に関する能力の向上を図るための教育、講習等を行い、又はこれらを受ける機会を与えるように努めなければならな

い。

2　厚生労働大臣は、前項の教育、講習等の適切かつ有効な実施を図
るため必要な指針を公表するものとする。

3　厚生労働大臣は、前項の指針に従い、事業者又はその団体に対
し、必要な指導等を行うことができる。

解説

※1　「その他労働災害の防止のための業務に　　　安全衛生管理者が含まれること。
従事する者」には、作業主任者及び元方　　　　　　（昭和63年9月16日基発第601号の1）

第4章　労働者の危険又は健康障害を防止するための措置（第20条～第36条）

　第4章では、危害防止基準について規定するとともに、元方事業者、特
定元方事業者、注文者、請負人、機械等貸与者、建築物貸与者などの講ず
べき措置について規定しています。

（事業者の講ずべき措置等）

第20条　事業者は、次の危険を防止するため必要な措置を講じなけれ
ばならない。

1. 機械、器具その他の設備（以下「機械等」という。）による危険
2. 爆発性の物、発火性の物、引火性の物[※1]等による危険
3. 電気、熱その他のエネルギー[※2]による危険

解説

※1　「引火性の物等」の「等」には、酸化性　　　の光、爆発の際の衝撃波等のエネルギー
の物、可燃性のガスまたは粉じん、硫酸　　　が含まれること。
その他の腐食性液体等が含まれること。　　　　　　（昭和47年9月18日基発第602号）
※2　「その他のエネルギー」には、アーク等

第21条　事業者は、掘削、採石、荷役、伐木等の業務における作業方
法から生ずる危険を防止するため必要な措置を講じなければならな
い。

2　事業者は、労働者が墜落するおそれのある場所、土砂[※1]等が崩壊す
るおそれのある場所等に係る危険を防止するため必要な措置を講じ
なければならない。

解説

※1 「土砂等が崩壊するおそれのある場所
　　等」の「等」には、物体の落下するおそ

れのある場所等が含まれること。
（昭和47年9月18日基発第602号）

第22条　事業者は、次の健康障害を防止するため必要な措置を講じなければならない。
　1.　原材料、ガス、蒸気、粉じん、酸素欠乏空気、病原体等による健康障害
　2.　放射線、高温、低温、超音波、騒音、振動、異常気圧等^{※1}による健康障害
　3.　計器監視、精密工作等の作業による健康障害
　4.　排気、排液又は残さい物による健康障害

解説

※1 「異常気圧等」の「等」には、赤外線、
　　紫外線、レーザー光線等の有害光線が含

まれること。
（昭和47年9月18日基発第602号）

第23条　事業者は、労働者を就業させる建設物その他の作業場について、通路、床面、階段等の保全並びに換気、採光、照明、保温、防湿、休養、避難及び清潔に必要な措置その他労働者の健康、風紀及び生命の保持のため必要な措置を講じなければならない。

第24条　事業者は、労働者の作業行動から生ずる労働災害を防止するため必要な措置を講じなければならない。

第25条　事業者は、労働災害発生の急迫した危険があるときは、直ちに作業を中止し、労働者を作業場から退避させる等必要な措置を講じなければならない。

第25条の2　建設業その他政令で定める業種に属する事業の仕事で、政令で定めるものを行う事業者は、爆発、火災等が生じたことに伴い労働者の救護に関する措置がとられる場合における労働災害の発生を防止するため、次の措置を講じなければならない。
　1.　労働者の救護に関し必要な機械等の備付け及び管理を行うこと。
　2.　労働者の救護に関し必要な事項について訓練を行うこと。
　3.　前2号に掲げるもののほか、爆発、火災等に備えて、労働者の救護に関し必要な事項を行うこと。

2　前項に規定する事業者は、厚生労働省令で定める資格を有する者のうちから、厚生労働省令で定めるところにより、同項各号の措置

のうち技術的事項を管理する者を選任し、その者に当該技術的事項^{※1}を管理させなければならない。

解説
※1　第15条の2の解説※1参照。

第26条　労働者は、事業者が第20条から第25条まで及び前条第1項の規定に基づき講ずる措置に応じて、必要な事項を守らなければならない。

第27条　第20条から第25条まで及び第25条の2第1項の規定により事業者が講ずべき措置及び前条の規定により労働者が守らなければならない事項は、厚生労働省令で定める。

2　前項の厚生労働省令を定めるに当たつては、公害（環境基本法（平成5年法律第91号）第2条第3項に規定する公害をいう。）その他一般公衆の災害で、労働災害と密接に関連するものの防止に関する法令の趣旨に反しないように配慮しなければならない。

（技術上の指針等の公表等）

第28条　厚生労働大臣は、第20条から第25条まで及び第25条の2第1項の規定により事業者が講ずべき措置の適切かつ有効な実施を図るため必要な業種又は作業ごとの技術上の指針を公表するものとする。

2　厚生労働大臣は、前項の技術上の指針を定めるに当たつては、中高年齢者に関して、特に配慮するものとする。

3　厚生労働大臣は、次の化学物質で厚生労働大臣が定めるものを製造し、又は取り扱う事業者が当該化学物質による労働者の健康障害を防止するための指針を公表するものとする。

1. 第57条の4第4項の規定による勧告又は第57条の5第1項の規定による指示に係る化学物質

2. 前号に掲げる化学物質以外の化学物質で、がんその他の重度の健康障害を労働者に生ずるおそれのあるもの

4　厚生労働大臣は、第1項又は前項の規定により、技術上の指針又は労働者の健康障害を防止するための指針を公表した場合において必要があると認めるときは、事業者又はその団体に対し、当該技術上の指針又は労働者の健康障害を防止するための指針に関し必要な指導等を行うことができる。

（事業者の行うべき調査等）

第28条の2　事業者は、厚生労働省令で定めるところにより、建設物、設備、原材料、ガス、蒸気、粉じん等による、又は作業行動その他業務に起因する危険性又は有害性等（第57条第1項の政令で定める物及び第57条の2第1項に規定する通知対象物による危険性又は有害性等を除く。）を調査し、その結果に基づいて、この法律又はこれに基づく命令の規定による措置を講ずるほか、労働者の危険又は健康障害を防止するため必要な措置を講ずるように努めなければならない。ただし、当該調査のうち、化学物質、化学物質を含有する製剤その他の物で労働者の危険又は健康障害を生ずるおそれのあるものに係るもの以外のものについては、製造業その他厚生労働省令で定める業種に属する事業者に限る。

2　厚生労働大臣は、前条第1項及び第3項に定めるもののほか、前項の措置に関して、その適切かつ有効な実施を図るため必要な指針を公表するものとする。

3　厚生労働大臣は、前項の指針に従い、事業者又はその団体に対し、必要な指導、援助等を行うことができる。

（元方事業者の講ずべき措置等）

第29条　元方事業者は、関係請負人及び関係請負人の労働者が、当該仕事に関し、この法律又はこれに基づく命令の規定に違反しないよう必要な指導を行なわなければならない。

2　元方事業者は、関係請負人又は関係請負人の労働者が、当該仕事に関し、この法律又はこれに基づく命令の規定に違反していると認めるときは、是正のため必要な指示を行なわなければならない。

3　前項の指示を受けた関係請負人又はその労働者は、当該指示に従わなければならない。

第29条の2　建設業に属する事業の元方事業者は、土砂等が崩壊するおそれのある場所、機械等が転倒するおそれのある場所その他の厚生労働省令で定める場所において関係請負人の労働者が当該事業の仕事の作業を行うときは、当該関係請負人が講ずべき当該場所に係る危険を防止するための措置が適正に講ぜられるように、技術上の指導その他の必要な措置を講じなければならない。

解説

　元方事業者の講ずべき技術上の指導その他の必要な措置には、技術上の指導のほか、危険を防止するために必要な資材等の提供、元方事業者が自ら又は関係請負人と共同して危険を防止するための措置を講じること等が含まれる。なお、具体的に元方事業者がどのような措置を講じる必要があるかについては、元方事業者と関係請負人との間の請負契約等においてどのような責任分担となっているか、また、どの程度の危険防止措置が必要であるかにより異なるものであり、当該建設現場における状況に応じて適切な措置がとられるよう必要な指導を行うこと。

（平成4年8月24日基発第480号）

（特定元方事業者等の講ずべき措置）

第30条　特定元方事業者は、その労働者及び関係請負人の労働者の作業が同一の場所において行われることによつて生ずる労働災害を防止するため、次の事項に関する必要な措置を講じなければならない。

1. 協議組織の設置及び運営を行うこと。
2. 作業間の連絡及び調整を行うこと。
3. 作業場所を巡視すること。
4. 関係請負人が行う労働者の安全又は衛生のための教育に対する指導及び援助を行うこと。
5. 仕事を行う場所が仕事ごとに異なることを常態とする業種で、厚生労働省令で定めるものに属する事業を行う特定元方事業者にあつては、仕事の工程に関する計画及び作業場所における機械、設備等の配置に関する計画を作成するとともに、当該機械、設備等を使用する作業に関し関係請負人がこの法律又はこれに基づく命令の規定に基づき講ずべき措置についての指導を行うこと。
6. 前各号に掲げるもののほか、当該労働災害を防止するため必要な事項

2　特定事業の仕事の発注者（注文者のうち、その仕事を他の者から請け負わないで注文している者をいう。以下同じ。）で、特定元方事業者以外のものは、一の場所において行なわれる特定事業の仕事を2以上の請負人に請け負わせている場合において、当該場所において当該仕事に係る2以上の請負人の労働者が作業を行なうときは、厚生労働省令で定めるところにより、請負人で当該仕事を自ら行なう事業者であるもののうちから、前項に規定する措置を講ずべき者として1人を指名しなければならない。一の場所において行なわれる特定事業の仕事の全部を請け負つた者で、特定元方事業者以外のもののうち、当該仕事を2以上の請負人に請け負わせている者

についても、同様とする。

3　前項の規定による指名がされないときは、同項の指名は、労働基準監督署長がする。

4　第2項又は前項の規定による指名がされたときは、当該指名された事業者は、当該場所において当該仕事の作業に従事するすべての労働者に関し、第1項に規定する措置を講じなければならない。この場合においては、当該指名された事業者及び当該指名された事業者以外の事業者については、第1項の規定は、適用しない。

第30条の2　製造業その他政令で定める業種に属する事業（特定事業を除く。）の元方事業者は、その労働者及び関係請負人の労働者の作業が同一の場所において行われることによつて生ずる労働災害を防止するため、作業間の連絡及び調整を行うことに関する措置その他必要な措置を講じなければならない。

2　前条第2項の規定は、前項に規定する事業の仕事の発注者について準用する。この場合において、同条第2項中「特定元方事業者」とあるのは「元方事業者」と、「特定事業の仕事を二以上」とあるのは「仕事を二以上」と、「前項」とあるのは「次条第1項」と、「特定事業の仕事の全部」とあるのは「仕事の全部」と読み替えるものとする。

3　前項において準用する前条第2項の規定による指名がされないときは、同項の指名は、労働基準監督署長がする。

4　第2項において準用する前条第2項又は前項の規定による指名がされたときは、当該指名された事業者は、当該場所において当該仕事の作業に従事するすべての労働者に関し、第1項に規定する措置を講じなければならない。この場合においては、当該指名された事業者及び当該指名された事業者以外の事業者については、同項の規定は、適用しない。

解説

※1　「その他政令で定める業種」は、定められていないこと。

※2　「作業間の連絡及び調整」とは、混在作業による労働災害を防止するために、次に掲げる一連の事項の実施等により行うものであること。

①　各関係請負人が行う作業についての段取りの把握

②　混在作業による労働災害を防止するための段取りの調整

③　②の調整を行った後における当該段取りの各関係請負人への指示

（平成18年2月24日基発第0224003号）

第30条の3　第25条の2第1項に規定する仕事が数次の請負契約によつて行われる場合（第4項の場合を除く。）においては、元方事業者は、当該場所において当該仕事の作業に従事するすべての労働者に関し、同条第1項各号の措置を講じなければならない。この場合においては、当該元方事業者及び当該元方事業者以外の事業者については、同項の規定は、適用しない。

2　第30条第2項の規定は、第25条の2第1項に規定する仕事の発注者について準用する。この場合において、第30条第2項中「特定元方事業者」とあるのは「元方事業者」と、「特定事業の仕事を2以上」とあるのは「仕事を2以上」と、「前項に規定する措置」とあるのは「第25条の2第1項各号の措置」と、「特定事業の仕事の全部」とあるのは「仕事の全部」と読み替えるものとする。

3　前項において準用する第30条第2項の規定による指名がされないときは、同項の指名は、労働基準監督署長がする。

4　第2項において準用する第30条第2項又は前項の規定による指名がされたときは、当該指名された事業者は、当該場所において当該仕事の作業に従事するすべての労働者に関し、第25条の2第1項各号の措置を講じなければならない。この場合においては、当該指名された事業者及び当該指名された事業者以外の事業者については、同項の規定は、適用しない。

5　第25条の2第2項の規定は、第1項に規定する元方事業者及び前項の指名された事業者について準用する。この場合においては、当該元方事業者及び当該指名された事業者並びに当該元方事業者及び当該指名された事業者以外の事業者については、同条第2項の規定は、適用しない。

（注文者の講ずべき措置）

第31条　特定事業の仕事を自ら行う注文者は、建設物、設備又は原材料（以下「建設物等」という。）を、当該仕事を行う場所においてその請負人（当該仕事が数次の請負契約によつて行われるときは、当該請負人の請負契約の後次のすべての請負契約の当事者である請負人を含む。第31条の4において同じ。）の労働者に使用させるときは、当該建設物等について、当該労働者の労働災害を防止するため必要な措置を講じなければならない。

2　前項の規定は、当該事業の仕事が数次の請負契約によつて行なわれることにより同一の建設物等について同項の措置を講ずべき注文

者が2以上あることとなるときは、後次の請負契約の当事者である注文者については、適用しない。

（厚生労働省令への委任）

第36条 第30条第1項若しくは第4項、第30条の2第1項若しくは第4項、第30条の3第1項若しくは第4項、第31条第1項、第31条の2、第32条第1項から第5項まで、第33条第1項若しくは第2項又は第34条の規定によりこれらの規定に定める者が講ずべき措置及び第32条第6項又は第33条第3項の規定によりこれらの規定に定める者が守らなければならない事項は、厚生労働省令で定める。

第5章　機械等並びに危険物及び有害物に関する規制（第37条〜第58条）

第5章では、危険な作業を必要とする機械等や危険物、有害物などに関して、製造、流通過程などでの規制について規定しています。

第1節　機械等に関する規制

（譲渡等の制限等）

第42条 特定機械等以外の機械等で、別表第2に掲げるものその他危険若しくは有害な作業を必要とするもの、危険な場所において使用するもの又は危険若しくは健康障害を防止するため使用するもののうち、政令で定めるものは、厚生労働大臣が定める規格又は安全装置を具備しなければ、譲渡し、貸与し、又は設置してはならない。

> 別表第2　（第42条関係）
> 　1.〜5. 略
> 　6. 防爆構造電気機械器具
> 　7.〜11. 略
> 　12. 交流アーク溶接機用自動電撃防止装置
> 　13. 絶縁用保護具
> 　14. 絶縁用防具
> 　15. 保護帽
> 　16. 略

第43条の2 厚生労働大臣又は都道府県労働局長は、第42条の機械等を製造し、又は輸入した者が、当該機械等で、次の各号のいずれかに該当するものを譲渡し、又は貸与した場合には、その者に対し、当該機械等の回収又は改善を図ること、当該機械等を使用している者へ厚生労働省令で定める事項を通知することその他当該機械等が使用されることによる労働災害を防止するため必要な措置を講ずる[※1]ことを命ずることができる。

1. 次条第5項の規定に違反して、同条第4項の表示が付され、又はこれと紛らわしい表示が付された機械等
2. 第44条の2第3項に規定する型式検定に合格した型式の機械等で、第42条の厚生労働大臣が定める規格又は安全装置（第4号において「規格等」という。）を具備していないもの
3. 第44条の2第6項の規定に違反して、同条第5項の表示が付され、又はこれと紛らわしい表示が付された機械等
4. 第44条の2第1項の機械等以外の機械等で、規格等を具備していないもの

解説

※1 「その他当該機械等が使用されることによる労働災害を防止するため必要な措置」には、当該機械等が本条各号のいずれかに該当する旨の広報を行うこと等があること。

（昭和63年9月16日 基発第601号の1）

（型式検定）

第44条の2 第42条の機械等のうち、別表第4に掲げる機械等で政令で定めるものを製造し、又は輸入した者[※1]は、厚生労働省令で定めるところにより、厚生労働大臣の登録を受けた者（以下「登録型式検定機関」という。）が行う当該機械等の型式についての検定を受け[※2]なければならない。ただし、当該機械等のうち輸入された機械等で、その形式について次項の検定が行われた機械等に該当するものは、この限りでない。

2 前項に定めるもののほか、次に掲げる場合には、外国において同項本文の機械等を製造した者（以下この項及び第44条の4において「外国製造者」という。）は、厚生労働省令で定めるところにより、当該機械等の型式について、自ら登録型式検定機関が行う検定を受けることができる。

1. 当該機械等を本邦に輸出しようとするとき。

2. 当該機械等を輸入した者が外国製造者以外の者（以下この号において単に「他の者」という。）である場合において、当該外国製造者が当該他の者について前項の検定が行われることを希望しないとき。

3　登録型式検定機関は、前2項の検定（以下「型式検定」という。）を受けようとする者から申請があつた場合には、当該申請に係る型式の機械等の構造並びに当該機械等を製造し、及び検査する設備等が厚生労働省令で定める基準に適合していると認めるときでなければ、当該型式を型式検定に合格させてはならない。

4　登録型式検定機関は、型式検定に合格した型式について、型式検定合格証を申請者に交付する。

5　型式検定を受けた者は、当該型式検定に合格した型式の機械等を本邦において製造し、又は本邦に輸入したときは、当該機械等に、厚生労働省令で定めるところにより、型式検定に合格した型式の機械等である旨の表示を付さなければならない。型式検定に合格した型式の機械等を本邦に輸入した者（当該型式検定を受けた者以外の者に限る。）についても、同様とする。

6　型式検定に合格した型式の機械等以外の機械等には、前項の表示を付し、又はこれと紛らわしい表示を付してはならない。

7　第1項本文の機械等で、第5項の表示が付されていないものは、使用してはならない。

別表第4（第44条の2関係）
1〜2　略
3　防爆構造電気機械器具
4〜8　略
9　交流アーク溶接機用自動電撃防止装置
10　絶縁用保護具
11　絶縁用防具
12　保護帽
13　略

安衛令第13条第3項（厚生労働大臣が定める規格又は安全装置を具備すべき機械等）
1.〜4.　略
5.　活線作業用装置（その電圧が、直流にあつては750Vを、交流にあつては600Vを超える充電電路について用いられるものに限る。）
6.　活線作業用器具（その電圧が、直流にあつては750Vを、交流にあつては300Vを超える充電電路について用いられるものに限る。）
7.　絶縁用防護具（対地電圧が50Vを超える充電電路に用いられるものに限る。）

```
                              8.～27.　略
                              28.　墜落制止用器具
                              29.～33.　略
                              34.　作業床の高さが２メートル
                                    以上の高所作業車
```

解説

※1 「製造し」た者には、当該機械等の構成
　　部分の一部を他の者から購入し、これを
　　加工し又は組み合わせて完成品とする者
　　が含まれるものであること。
※2 「型式」とは、機械等の種類、形状、性
　　能等の組み合わせにおいて共通の安全性
　　能を持つ一つのグループに分けられるも
　　のをいうこと。

※3 「構造」には、材料及び性能が含まれる
　　こと。
※4 「製造し、及び検査する設備等」の
　　「等」には、工作責任者、検査組織、検
　　査のための規程が含まれるものであるこ
　　と。

（昭和53年２月10日基発第77号）

（型式検定合格証の有効期間等）

第44条の3　型式検定合格証の有効期間（次項の規定により型式検定
　　合格証の有効期間が更新されたときにあつては、当該更新された型
　　式検定合格証の有効期間）は、前条第１項本文の機械等の種類に応
　　じて、厚生労働省令で定める期間とする。

2　型式検定合格証の有効期間の更新を受けようとする者は、厚生労
　　働省令で定めるところにより、型式検定を受けなければならない。

解説

※1 「型式検定合格証の有効期間」とは、製
　　造し、又は輸入する機械等に係る型式に
　　ついての有効期間をいうもので、型式検
　　定に合格した型式の機械等であって現に
　　使用しているものについて使用の有効期
　　間をいうものではないこと。

（昭和53年２月10日基発第77号）

　　本条の「型式検定合格証の有効期
　　間」とは、昭和53年２月10日付け基発

第77号の法律関係の４の(2)〈前掲通達〉
に示したとおりであり、これはあくま
で、型式検定に合格した機械等の製造又
は輸入についての有効期間をいうもので
あって、型式検定合格証の有効期間内に
製造された機械等の販売についての有効
期間、汎用部品の交換等による一部の補
修の有効期間をいうものではないこと。

（平成７年12月27日基発第417号）

（定期自主検査）

第45条　事業者は、ボイラーその他の機械等で、政令で定めるものに
　　ついて、厚生労働省令で定めるところにより、定期に自主検査を行
　　ない、及びその結果を記録しておかなければならない。

　2　事業者は、前項の機械等で政令で定めるものについて同項の規定による自主検査のうち厚生労働省令で定める自主検査（以下「特定自主検査」という。）を行うときは、その使用する労働者で厚生労働省令で定める資格を有するもの又は第54条の3第1項に規定する登録を受け、他人の求めに応じて当該機械等について特定自主検査を行う者（以下「検査業者」という。）に実施させなければならない。

　3　厚生労働大臣は、第1項の規定による自主検査の適切かつ有効な実施を図るため必要な自主検査指針を公表するものとする。

　4　厚生労働大臣は、前項の自主検査指針を公表した場合において必要があると認めるときは、事業者若しくは検査業者又はこれらの団体に対し、当該自主検査指針に関し必要な指導等を行うことができる。

第6章　労働者の就業に当たっての措置（第59条～第63条）

　第6章では、安全衛生教育、就業制限などについて規定しています。労働災害を防止するためには、労働者においても業務に含まれる危険性を理解し適切な対応方法を熟知しておくことが重要です。

（安全衛生教育）

第59条　事業者は、労働者を雇い入れたときは、当該労働者に対し、厚生労働省令で定めるところにより、その従事する業務に関する安全又は衛生のための教育を行なわなければならない。

　2　前項の規定は、労働者の作業内容^{※1}を変更したときについて準用する。

　3　事業者は、危険又は有害な業務で、厚生労働省令で定めるものに労働者をつかせるときは、厚生労働省令で定めるところにより、当該業務に関する安全又は衛生のための特別の教育を行なわなければならない。

解説

※1 「作業内容を変更したとき」とは、異なる作業に転換をしたときや作業設備、作業方法等について大幅な変更があったときをいい、これらについての軽易な変更

第60条　事業者は、その事業場の業種が政令で定めるものに該当するときは、新たに職務につくこととなつた職長その他の作業中の労働者を直接指導又は監督する者（作業主任者を除く。）に対し、次の事項について、厚生労働省令で定めるところにより、安全又は衛生のための教育を行なわなければならない。

1. 作業方法の決定及び労働者の配置に関すること。
2. 労働者に対する指導又は監督の方法に関すること。
3. 前２号に掲げるもののほか、労働災害を防止するため必要な事項で、厚生労働省令で定めるもの

第60条の２　事業者は、前２条に定めるもののほか、その事業場における安全衛生の水準の向上を図るため、危険又は有害な業務に現に就いている者に対し、その従事する業務に関する安全又は衛生のための教育を行うように努めなければならない。

２　厚生労働大臣は、前項の教育の適切かつ有効な実施を図るため必要な指針を公表するものとする。

３　厚生労働大臣は、前項の指針に従い、事業者又はその団体に対し、必要な指導等を行うことができる。

（中高年齢者等についての配慮）

第62条　事業者は、中高年齢者その他労働災害の防止上その就業に当たつて特に配慮を必要とする者[※1]については、これらの者の心身の条件に応じて適正な配置を行なうように努めなければならない。

解説

※１「その他労働災害の防止上その就業に当たつて特に配慮を必要とする者」には、　身体障害者、出稼労働者等があること。
（昭和47年９月18日基発第602号）

第７章　健康の保持増進のための措置（第64条〜第71条）

　第７章では、作業環境測定、健康診断、健康管理手帳、健康教育などについて規定しています。

第8章　免許等（第72条～第77条）

第8章では、免許、免許試験、技能講習などについて規定しています。

第9章　事業場の安全又は衛生に関する改善措置等（第78条～第87条）

第9章では、特別安全衛生改善計画、安全衛生改善計画、労働安全コンサルタント、労働衛生コンサルタントなどについて規定しています。

第10章　監督等（第88条～第100条）

第10章では、計画の届出、労働基準監督官とその権限、産業安全専門官とその権限、労働衛生専門官とその権限、使用停止命令、国への報告などについて規定しています。

（計画の届出等）

第88条　事業者は、機械等で、危険若しくは有害な作業を必要とするもの、危険な場所において使用するもの又は危険若しくは健康障害を防止するため使用するもののうち、厚生労働省令で定めるものを設置し、若しくは移転し、又はこれらの主要構造部分を変更しようとするときは、その計画を当該工事の開始の日の30日前までに、厚生労働省令で定めるところにより、労働基準監督署長に届け出なければならない。ただし、第28条の2第1項に規定する措置その他の厚生労働省令で定める措置を講じているものとして、厚生労働省令で定めるところにより労働基準監督署長が認定した事業者については、この限りでない。

2　事業者は、建設業に属する事業の仕事のうち重大な労働災害を生ずるおそれがある特に大規模な仕事で、厚生労働省令で定めるものを開始しようとするときは、その計画を当該仕事の開始の日の30日前までに、厚生労働省令で定めるところにより、厚生労働大臣に届け出なければならない。

3　事業者は、建設業その他政令で定める業種に属する事業の仕事（建設業に属する事業にあつては、前項の厚生労働省令で定める仕事を除く。）で、厚生労働省令で定めるものを開始しようとすると

きは、その計画を当該仕事の開始の日の14日前までに、厚生労働省令で定めるところにより、労働基準監督署長に届け出なければならない。

4　事業者は、第1項の規定による届出に係る工事のうち厚生労働省令で定める工事の計画、第2項の厚生労働省令で定める仕事の計画又は前項の規定による届出に係る仕事のうち厚生労働省令で定める仕事の計画を作成するときは、当該工事に係る建設物若しくは機械等又は当該仕事から生ずる労働災害の防止を図るため、厚生労働省令で定める資格を有する者[※1]を参画[※2]させなければならない。

5　前3項の規定（前項の規定のうち、第1項の規定による届出に係る部分を除く。）は、当該仕事が数次の請負契約によつて行われる場合において、当該仕事を自ら行う発注者がいるときは当該発注者以外の事業者、当該仕事を自ら行う発注者がいないときは元請負人[※3]以外の事業者については、適用しない。

6　労働基準監督署長は第1項又は第3項の規定による届出があつた場合において、厚生労働大臣は第2項の規定による届出があつた場合において、それぞれ当該届出に係る事項がこの法律又はこれに基づく命令の規定に違反すると認めるときは、当該届出をした事業者に対し、その届出に係る工事若しくは仕事の開始を差し止め、又は当該計画を変更すべきことを命ずることができる。

7　厚生労働大臣又は労働基準監督署長は、前項の規定による命令（第2項又は第3項の規定による届出をした事業者に対するものに限る。）をした場合において、必要があると認めるときは、当該命令に係る仕事の発注者（当該仕事を自ら行う者を除く。）に対し、労働災害の防止に関する事項[※4]について必要な勧告又は要請を行うことができる。

解説

〔計画の届出の審査の充実〕

※1　「資格を有する者」は、事業者に雇用されている者であることが通常であろうが、必ずしもそのような者でなくとも差し支えないこと。

※2　「参画」には、直接その計画を作成することのほか、最終的に計画を安全衛生面から点検することも含まれるものであること。
　　　　　　　　（昭和55年11月25日基発第647号）

※3　「元請負人」は必ずしも第2項及び第3項の「事業の仕事」を自ら行なう者のみに限られるものではないこと。
　　　　　　　　（昭和47年9月18日基発第602号）

※4　「労働災害の防止に関する事項」及び第98条第4項の「労働災害を防止するため必要な事項」には、命令に基づく事業者の改善措置が迅速に講ぜられるよう配慮すること、今後、労働安全衛生法違反を惹起させる条件を付さないよう留意する

こと等があること。　　　　　　　　　（昭和63年9月16日基発第601号の1）

（使用停止命令等）

第98条　都道府県労働局長又は労働基準監督署長は、第20条から第25条まで、第25条の2第1項、第30条の3第1項若しくは第4項、第31条第1項、第31条の2、第33条第1項又は第34条の規定に違反する事実があるときは、その違反した事業者、注文者、機械等貸与者又は建築物貸与者に対し、作業の全部又は一部の停止、建設物等の全部又は一部の使用の停止又は変更その他労働災害を防止するため必要な事項を命ずることができる。

2　都道府県労働局長又は労働基準監督署長は、前項の規定により命じた事項について必要な事項を労働者、請負人又は建築物の貸与を受けている者に命ずることができる。

3　労働基準監督官は、前2項の場合において、労働者に急迫した危険があるときは、これらの項の都道府県労働局長又は労働基準監督署長の権限を即時に行うことができる。

4　都道府県労働局長又は労働基準監督署長は、請負契約によつて行われる仕事について第1項の規定による命令をした場合において、必要があると認めるときは、当該仕事の注文者（当該仕事が数次の請負契約によつて行われるときは、当該注文者の請負契約の先次のすべての請負契約の当事者である注文者を含み、当該命令を受けた注文者を除く。）に対し、当該違反する事実に関して、労働災害[※1]を防止するため必要な事項について勧告又は要請を行うことができる。

解説

※1　第88条の解説※4を参照。

第11章　雑則（第101条〜第115条）

第11章では、第1章から第10章までの範疇に入らないさまざまな内容のものが規定されています。

（法令等の周知）

第101条　事業者は、この法律及びこれに基づく命令の要旨を常時各

作業場の見やすい場所に掲示し、又は備え付けることその他の厚生労働省令で定める方法により、労働者に周知させなければならない。

2　事業者は、第57条の2第1項又は第2項の規定により通知された事項を、化学物質、化学物質を含有する製剤その他の物で当該通知された事項に係るものを取り扱う各作業場の見やすい場所に常時掲示し、又は備え付けることその他の厚生労働省令で定める方法により、当該物を取り扱う労働者に周知させなければならない。

3～4　略

（ガス工作物等設置者の義務）

第102条　ガス工作物その他政令で定める工作物を設けている者は、当該工作物の所在する場所又はその附近で工事その他の仕事を行なう事業者から、当該工作物による労働災害の発生を防止するためにとるべき措置についての教示を求められたときは、これを教示しなければならない。

（書類の保存等）

第103条　事業者は、厚生労働省令で定めるところにより、この法律又はこれに基づく命令の規定に基づいて作成した書類（次項及び第3項の帳簿を除く。）を、保存しなければならない。

2　登録製造時等検査機関、登録性能検査機関、登録個別検定機関、登録型式検定機関、検査業者、指定試験機関、登録教習機関、指定コンサルト試験機関又は指定登録機関は、厚生労働省令で定めるところにより、製造時等検査、性能検査、個別検定、型式検定、特定自主検査、免許試験、技能講習、教習、労働安全コンサルタント試験、労働衛生コンサルタント試験又はコンサルタントの登録に関する事項で、厚生労働省令で定めるものを記載した帳簿を備え、これを保存しなければならない。

3　コンサルタントは、厚生労働省令で定めるところにより、その業務に関する事項で、厚生労働省令で定めるものを記載した帳簿を備え、これを保存しなければならない。

第12章　罰則（第115条の2～第123条）

第12章では、安衛法に違反した場合の罰則について規定されています。

2　労働安全衛生法施行令（抄）

昭和47年8月19日　政令第318号

最終改正　令和5年9月6日　政令第276号

（総括安全衛生管理者を選任すべき事業場）

第2条　労働安全衛生法（以下「法」という。）第10条第1項の政令で定める規模の事業場は、次の各号に掲げる業種の区分に応じ、常時当該各号に掲げる数以上の労働者を使用する事業場とする。[※1]

　1. 林業、鉱業、建設業、運送業及び清掃業　100人
　2. 製造業（物の加工業を含む。）[※2]、電気業、ガス業、熱供給業、水道業、通信業、各種商品卸売業、家具・建具・じゅう器等卸売業、各種商品小売業、家具・建具・じゅう器小売業、燃料小売業、旅館業、ゴルフ場業、自動車整備業及び機械修理業　300人
　3. その他の業種　1,000人

解説

※1 「常時当該各号に掲げる数以上の労働者を使用する」とは、日雇労働者、パートタイマー等の臨時的労働者の数を含めて、常態として使用する労働者の数が本条各号に掲げる数以上であることをいうものであること。

※2 「物の加工業」に属する事業は、給食の事業が含まれるものであること。

（昭和47年9月18日基発第602号）

（安全管理者を選任すべき事業場）

第3条　法第11条第1項の政令で定める業種及び規模の事業場は、前条第1号又は第2号に掲げる業種の事業場で、常時50人以上の労働者を使用するものとする。

（衛生管理者を選任すべき事業場）

第4条　法第12条第1項の政令で定める規模の事業場は、常時50人以上の労働者を使用する事業場とする。

（統括安全衛生責任者を選任すべき業種等）

第7条　法第15条第1項の政令で定める業種は、造船業とする。

2　法第15条第1項ただし書及び第3項の政令で定める労働者の数は、次の各号に掲げる仕事の区分に応じ、当該各号に定める数とする。

　1. ずい道等の建設の仕事、橋梁の建設の仕事（作業場所が狭いこと

等により安全な作業の遂行が損なわれるおそれのある場所として厚生労働省令で定める場所において行われるものに限る。）又は圧気工法による作業を行う仕事　常時30人

2. 前号に掲げる仕事以外の仕事　^{※1}常時50人

解説

※1 「常時50人」とは、建築工事においては、初期の準備工事、終期の手直し工事等の工事を除く期間、平均一日当たり50

人であることをいうこと。
（昭和47年9月18日基発第602号）

（安全委員会を設けるべき事業場）

第8条　法第17条第1項の政令で定める業種及び規模の事業場は、次の各号に掲げる業種の区分に応じ、常時当該各号に掲げる数以上の労働者を使用する事業場とする。

1. 林業、鉱業、建設業、製造業のうち木材・木製品製造業、化学工業、鉄鋼業、金属製品製造業及び輸送用機械器具製造業、運送業のうち道路貨物運送業及び港湾運送業、自動車整備業、機械修理業並びに清掃業　50人

2. 第2条第1号及び第2号に掲げる業種（前号に掲げる業種を除く。）　100人

（衛生委員会を設けるべき事業場）

第9条　法第18条第1項の政令で定める規模の事業場は、常時50人以上の労働者を使用する事業場とする。

（厚生労働大臣が定める規格又は安全装置を具備すべき機械等）

第13条　1〜2略

3　法第42条の政令で定める機械等は、次に掲げる機械等（本邦の地域内で使用されないことが明らかな場合を除く。）とする。

1. 〜4. 略

5. ^{※1}活線作業用装置（その電圧が、直流にあつては750ボルトを、交流にあつては600ボルトを超える充電電路について用いられるものに限る。）

6. ^{※2}活線作業用器具（その電圧が、直流にあつては750ボルトを、交流にあつては300ボルトを超える充電電路について用いられるものに限る。）

7. ^{※3}絶縁用防護具（対地電圧が50ボルトを超える充電電路に用いられるものに限る。）

8.～27. 略

28. 墜落制止用器具

29.～33. 略

34. 作業床の高さが2メートル以上の高所作業車^{※4}

4　法別表第2に掲げる機械等には、本邦の地域内で使用されないことが明らかな機械等を含まないものとする。

5　次の表の左欄に掲げる機械等には、それぞれ同表の右欄に掲げる機械等を含まないものとする。

法別表第2第3号に掲げる小型ボイラー	船舶安全法の適用を受ける船舶に用いられる小型ボイラー及び電気事業法の適用を受ける小型ボイラー
法別表第2第6号に掲げる防爆構造電気機械器具	船舶安全法の適用を受ける船舶に用いられる防爆構造電気機械器具
法別表第2第8号に掲げる防じんマスク	ろ過材又は面体を有していない防じんマスク
法別表第2第9号に掲げる防毒マスク	ハロゲンガス用又は有機ガス用防毒マスクその他厚生労働省令で定めるもの以外の防毒マスク
法別表第2第13号に掲げる絶縁用保護具	その電圧が、直流にあつては750ボルト、交流にあつては300ボルト以下の充電電路について用いられる絶縁用保護具
法別表第2第14号に掲げる絶縁用防具	その電圧が、直流にあつては750ボルト、交流にあつては300ボルト以下の充電電路に用いられる絶縁用防具
法別表第2第15号に掲げる保護帽	物体の飛来若しくは落下又は墜落による危険を防止するためのもの以外の保護帽

解説

※1 「活線作業用装置」とは、活線作業用車、活線作業用絶縁台等のように対地絶縁を施した絶縁かご、絶縁台等を有するものをいうこと。

※2 「活線作業用器具」とは、ホットステックのように、その使用の際に手で持つ部分が絶縁材料で作られた棒状の絶縁工具をいうこと。

※3 「絶縁用防護具」とは、建設用防護管、建設用防護シート等のように、建設工事

（電気工事を除く。）等を充電電路に近接して行なうときに、電路に取り付ける感電防止のための装具で、7,000V 以下の充電電路に用いるものをいうこと。

（昭和47年9月18日基発第602号、昭和50年2月24日基発第110号、平成3年11月25日基発第666号）

※4 「高所作業車」とは、高所における工事、点検、補修等の作業に使用される機械であって作業床（各種の作業を行うた

めに設けられた人が乗ることを予定した「床」をいう。）及び昇降装置その他の装置により構成され、当該作業床が昇降装置その他の装置により上昇、下降等をする設備を有する機械のうち、動力を用い、かつ、不特定の場所に自走すること

ができるものをいうものであること。

なお、消防機関が消防活動に使用するはしご自動車、屈折はしご自動車等の消防車は高所作業車に含まないものであること。

（平成2年9月26日基発第583号）

（型式検定を受けるべき機械等）

第14条の2　法第44条の2第1項の政令で定める機械等は、次に掲げる機械等（本邦の地域内で使用されないことが明らかな場合を除く。）とする。

1.～2. 略

3. 防爆構造電気機械器具（船舶安全法の適用を受ける船舶に用いられるものを除く。）

4.～8. 略

9. 交流アーク溶接機用自動電撃防止装置 ※1

10. 絶縁用保護具 ※2 （その電圧が、直流にあつては750ボルトを、交流にあつては300ボルトを超える充電電路について用いられるものに限る。）

11. 絶縁用防具 ※3 （その電圧が、直流にあつては750ボルトを、交流にあつては300ボルトを超える充電電路に用いられるものに限る。）

12. 保護帽（物体の飛来若しくは落下又は墜落による危険を防止するためのものに限る。） ※4

13. 略

解説

※1 「交流アーク溶接機用自動電撃防止装置」とは、交流アーク溶接機のアークの発生を中断させたとき、短時間内に、当該交流アーク溶接機の出力側の無負荷電圧を自動的に30V以下に切り替えることができる電気的な安全装置をいうこと。

※2 「絶縁用保護具」とは、電気用ゴム手袋、電気用安全帽等のように、充電電路の取扱いその他電気工事の作業を行なうときに、作業者の身体に着用する感電防止のための保護具で、7,000V以下の充電電路について用いるものをいうこと。

※3 「絶縁用防具」とは、電気用絶縁管、電気用絶縁シート等のように、充電電路の

取扱いその他電気工事の作業を行なうときに、電路に取り付ける感電防止のための装具で、7,000Vの充電電路に用いるものをいうこと。

（昭和47年9月18日基発第602号、昭和50年2月24日基発第110号、平成3年11月25日基発第666号）

※4 「物体の飛来若しくは落下による危険を防止するための」保護帽とは、帽体、着装体、あごひも及びこれらの附属品により構成され、主として頭頂部を飛来物又は落下物から保護する目的で用いられるものをいい、同号の「墜落による危険を防止するための」保護帽とは、帽体、衝

撃吸収ライナー、あごひも及びこれらの附属品により構成され、墜落の際に頭部に加わる衝撃を緩和する目的で用いられるものをいうこと。従って、乗用車安全帽、バンプキャップ等は、本号には該当しないものであること。

なお電気用安全帽であって物体の飛来又は落下による危険をも防止するためのものについては、第15号〔現行＝第14条の2第10号〕の「絶縁用保護具」に該当するほか、本号にも該当するものであること。

（昭和50年2月24日基発第110号、昭和50年12月17日基発第746号）

（定期に自主検査を行うべき機械等）

第15条 法第45条第1項の政令で定める機械等は、次のとおりとする。

1. 第12条第1項各号に掲げる機械等、第13条第3項第5号、第6号、第8号、第9号、第14号から第19号まで及び第30号から第34号までに掲げる機械等、第14条第2号から第4号までに掲げる機械等並びに前条第10号及び第11号に掲げる機械等

2. ～11. 略

2 法第45条第2項の政令で定める機械等は、第13条第3項第8号、第9号、第33号及び第34号に掲げる機械等並びに前項第2号に掲げる機械等とする。

（職長等の教育を行うべき業種）

第19条 法第60条の政令で定める業種は、次のとおりとする。

1. 建設業
2. 製造業。ただし、次に掲げるものを除く。
    イ たばこ製造業
    ロ 繊維工業（紡績業及び染色整理業を除く。）
    ハ 衣服その他の繊維製品製造業
    ニ 紙加工品製造業（セロファン製造業を除く。）
3. 電気業
4. ガス業
5. 自動車整備業
6. 機械修理業

（計画の届出をすべき業種等）

第24条 法第88条第3項の政令で定める業種は、土石採取業とする。

2 略

（法第102条の政令で定める工作物）

第25条 法第102条の政令で定める工作物は、次のとおりとする。

1. 電気工作物

2.～3. 略

3　労働安全衛生規則（抄）

昭和47年９月30日　労働省令第32号

最終改正　令和４年１月19日　厚生労働省令第８号

第1編　通　則

第3章　機械等並びに危険物及び有害物に関する規制

第1節　機械等に関する規制

（規格に適合した機械等の使用）

第27条　事業者は、法別表第２に掲げる機械等及び令第13条第３項各号に掲げる機械等については、法第42条の厚生労働大臣が定める規格又は安全装置を具備したものでなければ、使用してはならない。

（通知すべき事項）

第27条の２　法第43条の２の厚生労働省令で定める事項は、次のとおりとする。

1. 通知の対象である機械等であることを識別できる事項
2. 機械等が法第43条の２各号のいずれかに該当することを示す事実

（安全装置等の有効保持）

第28条　事業者は、法及びこれに基づく命令により設けた安全装置、覆い、囲い等（以下「安全装置等」という。）が有効な状態で使用されるようそれらの点検及び整備を行なわなければならない。

第29条　労働者は、安全装置等について、次の事項を守らなければならない。

1. 安全装置等を取りはずし、又はその機能を失わせないこと。
2. 臨時に安全装置等を取りはずし、又はその機能を失わせる必要があるときは、あらかじめ、事業者の許可を受けること。
3. 前号の許可を受けて安全装置等を取りはずし、又はその機能を失わせたときは、その必要がなくなつた後、直ちにこれを原状に復しておくこと。
4. 安全装置等が取りはずされ、又はその機能を失つたことを発見し

たときは、すみやかに、その旨を事業者に申し出ること。

2　事業者は、労働者から前項第4号の規定による申出があつたとき
は、すみやかに、適当な措置を講じなければならない。

（自主検査指針の公表）

第29条の4　第24条の規定は、法第45条第3項の規定による自主検査
指針の公表について準用する。

第4章　安全衛生教育

（雇入れ時等の教育）

第35条　事業者は、労働者を雇い入れ、又は労働者の作業内容を変更
したときは、当該労働者に対し、遅滞なく、次の事項のうち当該労
働者が従事する業務に関する安全又は衛生のため必要な事項につい
て、教育を行なわなければならない。

1. 機械等、原材料等の危険性又は有害性及びこれらの取扱い方法に
　関すること。
2. 安全装置、有害物抑制装置又は保護具の性能及びこれらの取扱い
　方法に関すること。
3. 作業手順に関すること。
4. 作業開始時の点検に関すること。
5. 当該業務に関して発生するおそれのある疾病の原因及び予防に関
　すること。
6. 整理、整頓及び清潔の保持に関すること。
7. 事故時等における応急措置及び退避に関すること。
8. 前各号に掲げるもののほか、当該業務に関する安全又は衛生のた
　めに必要な事項

2　事業者は、前項各号に掲げる事項の全部又は一部に関し十分な知
識及び技能を有していると認められる労働者については、当該事項
についての教育を省略することができる。

> **解説**
>
> ・第1項の教育は、当該労働者が従事する業務に関する安全または衛生を確保するために必要な内容および時間をもって行なうものとすること。
>
> 　　　　　（昭和47年9月18日基発第601号の1）

（特別教育を必要とする業務）

第36条　法第59条第3項の厚生労働省令で定める危険又は有害な業務は、次のとおりとする。

1. ～2. 略

3. アーク溶接機を用いて行う金属の溶接、溶断等^{※1}（以下「アーク溶接等」という。）の業務

4. 高圧（直流にあつては750ボルトを、交流にあつては600ボルトを超え、7,000ボルト以下である電圧をいう。以下同じ。）若しくは特別高圧（7,000ボルトを超える電圧をいう。以下同じ。）の充電電路若しくは当該充電電路の支持物の敷設、点検、修理若しくは操作の業務、低圧（直流にあつては750ボルト以下、交流にあつては600ボルト以下である電圧をいう。以下同じ。）の充電電路（対地電圧が50ボルト以下であるもの及び電信用のもの、電話用のもの等で感電による危害を生ずるおそれのないものを除く。）の敷設若しくは修理の業務（次号に掲げる業務を除く。）又は配電盤室、変電室等区画された場所に設置する低圧の電路（対地電圧が50ボルト以下であるもの及び電信用のもの、電話用のもの等で感電による危害の生ずるおそれのないものを除く。）のうち充電部分が露出している開閉器の操作の業務

4の2. 対地電圧が50ボルトを超える低圧の蓄電池を内蔵する自動車の整備の業務

5. ～10の4. 略

10の5. 作業床の高さ（令第10条第4号の作業床の高さをいう。）が10メートル未満の高所作業車（令第10条第4号の高所作業車をいう。以下同じ。）の運転（道路上を走行させる運転を除く。）の業務

11. ～40. 略

41. 高さが2メートル以上の箇所であって作業床を設けることが困難なところにおいて、墜落制止用器具（令第13条第3項第二十八号の墜落制止用器具をいう。第130条の5第1項において同じ。）のうちフルハーネス型のものを用いて行う作業に係る業務（前号に掲げる業務を除く。）

※1 「溶断等」の「等」には、ガウジングが　　　　　（昭和49年6月25日基発第332号）
　含まれること。

（特別教育の科目の省略）

第37条　事業者は、法第59条第3項の特別の教育（以下「特別教育」
　という。）の科目の全部又は一部について十分な知識及び技能を有
　していると認められる労働者については、当該科目についての特別
　教育を省略することができる。

（特別教育の記録の保存）

第38条　事業者は、特別教育を行なつたときは、当該特別教育の受講
　者、科目等の記録を作成して、これを3年間保存しておかなければ
　ならない。

（特別教育の細目）

第39条　前2条及び第592条の7に定めるもののほか、第36条第1号
　から第13号まで、第27号、第30号から第36号まで及び第39号から第
　41号までに掲げる業務に係る特別教育の実施について必要な事項
　は、厚生労働大臣が定める。

（職長等の教育）

第40条　法第60条第3号の厚生労働省令で定める事項は、次のとおり
　とする。

　1. 法第28条の2第1項又は第57条の3第1項及び第2項の危険性又
　　は有害性等の調査及びその結果に基づき講ずる措置に関するこ
　　と。
　2. 異常時等における措置に関すること。
　3. その他現場監督者として行うべき労働災害防止活動に関するこ
　　と。

　2　法第60条の安全又は衛生のための教育は、次の表の左欄に掲げる
　事項について、同表の右欄に掲げる時間以上行わなければならない
　ものとする。

事　　項	時　間
法第60条第1号に掲げる事項 1　作業手順の定め方 2　労働者の適正な配置の方法	2時間
法第60条第2号に掲げる事項 1　指導及び教育の方法	2.5時間

2　作業中における監督及び指示の方法	
前項第1号に掲げる事項 1　危険性又は有害性等の調査の方法 2　危険性又は有害性等の調査の結果に基づき講ずる措置 3　設備、作業等の具体的な改善の方法	4時間
前項第2号に掲げる事項 1　異常時における措置 2　災害発生時における措置	1.5時間
前項第3号に掲げる事項 1　作業に係る設備及び作業場所の保守管理の方法 2　労働災害防止についての関心の保持及び労働者の創意工夫を引き出す方法	2時間

3　事業者は、前項の表の左欄に掲げる事項の全部又は一部について十分な知識及び技能を有していると認められる者については、当該事項に関する教育を省略することができる。

第2編　安全基準

第5章　電気による危険の防止

第1節　電気機械器具

（電気機械器具の囲い等）

第329条　事業者は、電気機械器具の充電部分（電熱器の発熱体の部分、抵抗溶接機の電極の部分等電気機械器具の使用の目的により露出することがやむを得ない充電部分を除く。）で、労働者が作業中又は通行の際に、接触（導電体を介する接触を含む。以下この章において同じ。）し、又は接近することにより感電の危険を生ずるおそれのあるものについては、感電を防止するための囲い又は絶縁覆いを設けなければならない。ただし、配電盤室、変電室等区画された場所で、事業者が第36条第4号の業務に就いている者（以下「電気取扱者」という。）以外の者の立入りを禁止したところに設置し、

又は電柱上、塔上等隔離された場所で、電気取扱者以外の者が接近するおそれのないところに設置する電気機械器具については、この限りでない。

解説

※1 「導電体を介する接触」とは、金属製工具、金属材料等の導電体を取り扱っている際に、これらの導電体が露出充電部分に接触することをいうこと。
※2 「接近することにより感電の危険を生ずる」とは、高圧又は特別高圧の充電電路に接近した場合に、接近アーク又は誘導電流により、感電の危害を生ずることをいうこと。
※3 「絶縁覆いを設け」とは、当該露出充電部分と絶縁されている金属製箱に当該露出充電部分を収めること、ゴム、ビニール、ベークライト等の絶縁材料を用いて当該露出充電部分を被覆すること等をいうこと。
※4 「電柱上、塔上等隔離された場所で、電気取扱者以外の者が接近するおそれのないところに設置する電気機械器具」には、配電用の電柱又は鉄塔の上に施設された低圧側ケッチヒューズ等が含まれること。

（昭和35年11月22日基発第990号）

（手持型電灯等のガード）

第330条 事業者は、移動電線に接続する手持型の電灯[※1]、仮設の配線[※2]又は移動電線に接続する架空つり下げ電灯[※3]等[※4]には、口金に接触することによる感電の危険及び電球の破損による危険[※5]を防止するため、ガードを取り付けなければならない。

2 事業者は、前項のガードについては、次に定めるところに適合するものとしなければならない。
　1. 電球の口金の露出部分に容易に手が触れない構造[※6]のものとすること。
　2. 材料は、容易に破損又は変形をしない[※7]ものとすること。

解説

※1 「手持型の電灯」とは、ハンドランプのほか、普通の白熱灯であって手に持って使用するものをいい、電池式又は発電式の携帯電灯は含まないこと。
　　　　　（昭和35年11月22日基発第990号）
※2 「仮設の配線」とは、第338条の解説に示すものと同じものであること。
　　　　　（昭和35年11月22日基発第990号）
※3 「架空つり下げ電灯」とは、屋外又は屋内において、コードペンダント等の正規工事によらないつり下げ電灯や電飾方式による電灯（建設工事等において仮設の配線に多数の防水ソケットを連ね電球をつり下げて点灯する方式のもので、通称タコづり、鈴らん灯ちょうちんづり等ともいう。）をいうものであること。
　なお、移動させないで使用するもの又は作業箇所から離れて使用するものであって、作業中に接触又は破損のおそれが全くないものについては、この規定は適用されないものであること。
※4 「架空つり下げ電灯等」の「等」には、反射型投光電球を使用した電灯が含まれるものであること。

（昭和44年2月5日基発第59号）

※5「電球の破損による危険」とは、電球が破損した場合に、そのフィラメント又は導入線に接触することによる感電の危害及び電球のガラスの破片による危害をいうこと。

※6「電球の口金の露出部分に容易に手が触れない構造」とは、ガードの根元部分が当該露出部分を覆うことができ、かつ、ガードと電球の間から指が電球の口金部分に入り難い構造をいうものであること。

なお、ソケットが、カバー、ホルダ等に覆われているとき又は防水ソケットの

ように電球の口金の露出しないときは、この規定は、適用されないものであること。

※7「容易に破損又は変形をしない材料」とは、堅固な金属のほか、耐熱性が良好なプラスティックであって使用中に外力又は熱により破損し又は変形をし難いものを含むものであること。

〔接地側電線の接続措置〕

第1項に規定する措置のほか、ソケットの受金側（電球の口金側）に接続されるソケット内部端子には接地側電線を接続することが望ましいこと。

（昭和44年2月5日基発第59号）

（溶接棒等のホルダー）

第331条　事業者は、アーク溶接等[※1]（自動溶接を除く。）の作業に使用する溶接棒等[※2]のホルダーについては、感電の危険を防止するため必要な絶縁効力及び耐熱性[※3]を有するものでなければ、使用してはならない。

解説

※1「自動溶接」とは、溶接棒の送給及び溶接棒の運棒又は被溶接材の運進を自動的に行うものをいい、これらの一部のみを自動的に行うもの又はグラビティ溶接はこれに含まれないものであること。

（昭和44年2月5日基発第59号）

※2「溶接棒等」の「等」には、溶断に使用する炭素電極棒、被覆電極棒、金属管電極棒が含まれること。

（昭和49年6月25日基発第332号）

※3「感電の危険を防止するため必要な絶縁効力及び耐熱性を有するもの」とは、日本工業規格C9300-11（溶接棒ホルダ）に定めるホルダーの規格に適合するもの又はこれと同等以上の絶縁効力及び耐熱性を有するものであること。

（平成20年9月29日基発第0929002号）

〔日本工業規格は現在、日本産業規格〕

（交流アーク溶接機用自動電撃防止装置）

第332条　事業者は、船舶の二重底若しくはピークタンクの内部、ボイラーの胴若しくはドームの内部等導電体に囲まれた場所で著しく狭あいなところ[※1]又は墜落により労働者に危険を及ぼすおそれのある高さが2メートル以上の場所[※2]で鉄骨等導電性の高い接地物[※3]に労働者が接触するおそれがあるところにおいて、交流アーク溶接等[※4]（自動溶接を除く。）の作業を行うときは、交流アーク溶接機用自動電撃防止装置を使用しなければならない。

※1 「著しく狭あいなところ」とは、動作に際し、身体の部分が通常周囲（足もとの部分を除く。）の導電体に接触するおそれがある程度に狭あいな場所をいうこと。

（昭和35年11月22日基発第990号）

※2 「墜落により労働者に危険を及ぼすおそれのある高さが2m以上の場所」とは、高さが2m以上の箇所で安全に作業する床がなく、第518条、第519条の規定による足場、囲い、手すり、覆い等を設けていない場所をいうものであること。

※3 「導電性の高い接地物」とは、鉄骨、鉄筋、鉄柱、金属製水道管、ガス管、鋼船の鋼材部分等であって、大地に埋設される等電気的に接続された状態にあるものをいうこと。

（昭和44年2月5日基発第59号）

※4 第331条の解説※1を参照。

（漏電による感電の防止）

第333条 事業者は、電動機を有する機械又は器具（以下「電動機械器具」という。）で、対地電圧が150ボルトをこえる移動式若しくは可搬式のもの又は水その他導電性の高い液体によつて湿潤している場所その他鉄板上、鉄骨上、定盤上等導電性の高い場所において使用する移動式若しくは可搬式のものについては、漏電による感電の危険を防止するため、当該電動機械器具が接続される電路に、当該電路の定格に適合し、感度が良好であり、かつ、確実に作動する感電防止用漏電しや断装置を接続しなければならない。

2 事業者は、前項に規定する措置を講ずることが困難なときは、電動機械器具の金属製外わく、電動機の金属製外被等の金属部分を、次に定めるところにより接地して使用しなければならない。

1. 接地極への接続は、次のいずれかの方法によること。

   イ 一心を専用の接地線とする移動電線及び一端子を専用の接地端子とする接続器具を用いて接地極に接続する方法

   ロ 移動電線に添えた接地線及び当該電動機械器具の電源コンセントに近接する箇所に設けられた接地端子を用いて接地極に接続する方法

2. 前号イの方法によるときは、接地線と電路に接続する電線との混用及び接地端子と電路に接続する端子との混用を防止するための措置を講ずること。

3. 接地極は、十分に地中に埋設する等の方法により、確実に大地と接続すること。

※1 「電動機械器具」には、非接地式電源に　　接続して使用する電動機械器具は含まれ

ないこと。

※2　「水その他導電性の高い液体によつて湿潤している場所」とは、常態において、作業床等が水、アルカリ溶液等の導電性の高い液体によってぬれていることにより、漏電の際に感電の危害を生じやすい場所をいい、湧水ずい道内、基礎掘削工事現場、製氷作業場、水洗作業場等はおおむねこれに含まれること。

※3　「移動式のもの」とは、移動式空気圧縮機、移動式ベルトコンベヤ、移動式コンクリートミキサ、移動式クラッシャ等、移動させて使用する電動機付の機械器具をいい、電車、電気自動車等の電気車両は含まないこと。

※4　「可搬式のもの」とは、可搬式電気ドリル、可搬式電気グラインダ、可搬式振動機等手に持って使用する電動機械器具をいうこと。

（昭和35年11月22日基発第990号）

※5　「当該電路の定格に適合し」とは、電動機械器具が接続される電路の相、線式、電圧、電流及び周波数に適合することをいうこと。

※6　「感度が良好」とは、電圧動作形のものにあっては動作感度電圧がおおむね20Vないし30V、電流動作形のもの（電動機器の接地線が切断又は不導通の場合電路をしゃ断する保護機構を有する装置を除く。）にあっては動作感度電流がおおむね30mAであり、かつ、動作時限が、電圧動作形にあっては0.2秒以下、電流動作形にあっては0.1秒以下であるものをいうこと。

※7　「確実に作動する感電防止用漏電しや断装置」とは、JIS C 8370（配線しゃ断器）に定める構造のしゃ断器若しくはJIS C 8325（交流電磁開閉器）に定める構造の開閉器又はこれらとおおむね同等程度の性能を有するしゃ断装置を有するものであって、水又は粉じんの侵入により装置の機能に障害を生じない構造であり、かつ、漏電検出しゃ断動作の試験装置を有するものをいうものであること。

※8　「感電防止用漏電しや断装置」とは、電路の対地絶縁が低下した場合に電路をじん速にしゃ断して感電による危害を防止

するものをいうこと。その動作方式は、電圧動作形と電流動作形に大別され、前者は電気機械器具のケースや電動機のフレームの対地電圧が所定の値に達したときに作動し、後者は漏えい電流が所定の値に達したときに作動するものであること。

なお、この装置を接続した電動機械器具の接地については、特に規定していないが、電気設備の技術基準（旧電気工作物規程）に定めるところにより本条第2項第1号に定める方法又は電動機械器具の使用場所において接地極に接続する方法により接地することは当然であること。ただし、この場合の接地抵抗値は、昭和35年11月22日付け基発第990号通達の7の(11)〈本条解釈例規の「確実に」※14〉に示すところによらなくてもさしつかえないこと。

（昭和44年2月5日基発第59号）

※9　「接地極」には、地中に埋設された金属製水道管、鋼船の船体等が含まれること。

※10　「一心を専用の接地線とする移動電線及び一端子を専用の接地端子とする接続器具を用いて接地極に接続する方法」とは、次の図に示すごとき方法をいうこと。

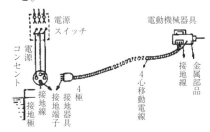

※11　「接地線」とは、電動機械器具の金属部分と接地極とを接続する導線をいうこと。

※12　「移動電線に添えた接地線及び当該電動機械器具の電源コンセントに近接する箇所に設けられた接地端子を用いて接地極に接続する方法」とは、次の図に示すごとき方法をいうこと。

223

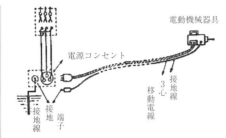

電動機械器具

電源コンセント

接地線
3心
移動電線

接地線
接地端子

※13 「混用を防止するための措置」とは、色、形状等を異にすること、標示するこ

と等の方法により、接地線と電路に接続する電線との区別及び接地端子と電路に接続する端子との区別を明確にすることをいうこと。

※14 「確実に」とは、十分に低い接地抵抗値を保つように（電動機械器具の金属部分の接地抵抗値がおおむね25Ω以下になるように）の意であること。

（昭和35年11月22日基発第990号）

（適用除外）

第334条 前条の規定は、次の各号のいずれかに該当する電動機械器具については、適用しない。

1. 非接地方式の電路[※1]（当該電動機械器具の電源側の電路に設けた絶縁変圧器の二次電圧が300ボルト以下であり、かつ、当該絶縁変圧器の負荷側の電路が接地されていないものに限る。）に接続して使用する電動機械器具

2. 絶縁台[※2]の上で使用する電動機械器具

3. 電気用品安全法（昭和36年法律第234号）第2条第2項の特定電気用品であつて、同法第10条第1項の表示が付された二重絶縁構[※3]造の電動機械器具

解説

※1 「非接地方式の電路」とは、電源変圧器の低圧側の中性点又は低圧側の一端子を接地しない配電路のことをいい、人が電圧側の一線に接触しても地気回路が構成され難く、電動機のフレーム等について漏電による対地電位の上昇が少なく、感電の危険が少ないものをいうこと。

※2 「絶縁台」とは、使用する電動機械器具の対地電圧に応じた絶縁性能を有する作業台をいい、低圧の電動機械器具の場合には、リノリウム張りの床、木の床等であっても十分に乾燥したものは含まれるが、コンクリートの床は含まれないものであること。

なお、「絶縁台の上で使用する」とは

作業者が常時絶縁台の上にあって使用する意であり、作業者がゴム底靴を着用して使用することは含まれないものであること。

※3 「二重絶縁構造の電動機械器具」とは、電動機械器具の充電部と人の接触するおそれのある非充電金属部の間に、機能絶縁と、それが役に立たなくなったときに感電危険を防ぐ保護絶縁とを施した構造のものをいうが、二重絶縁を行い難い部分に強化絶縁（電気的、熱的及び機械的機能が二重絶縁と同等以上の絶縁物を使用した絶縁をいう。）を施したものも含まれるものであること。

（昭和44年2月5日基発第59号）

（電気機械器具の操作部分の照度）

第335条　事業者は、電気機械器具の操作の際に、感電の危険又は誤[※1]操作による危険を防止するため、当該電気機械器具の操作部分について[※2]必要な照度を保持しなければならない。[※3]

解説

※1　「電気機械器具の操作」とは、開閉器の開閉操作、制御器の制御操作、電圧調整器の操作等電気機械器具の電気についての操作をいうこと。

※2　「誤操作による危険」とは、電路の系統、操作順序等を誤って操作した場合に、操作者又は関係労働者が受ける感電又は電気火傷をいうこと。

※3　「必要な照度」とは、操作部分の位置、区分等を容易に判別することができる程度の明るさをいい、照明の方法は、局部照明、全般照明又は自然採光による照明のいずれであっても差しつかえないこと。なお、本条は、操作の際における照度の保持について定めたものであって、操作時以外の場合における照度の保持まで規制する趣旨ではないこと。

（昭和35年11月22日基発第990号）

第2節　配線及び移動電線

（配線等の絶縁被覆）

第336条　事業者は、労働者が作業中又は通行の際に接触し、又は接触するおそれのある配線で、絶縁被覆を有するもの（第36条第4号の業務において電気取扱者のみが接触し、又は接触するおそれがあるものを除く。）又は移動電線については、絶縁被覆が損傷し、又は老化していることにより、感電の危険が生ずることを防止する措[※2]置を講じなければならない。

解説

※1　「接触するおそれのある」とは、作業し、若しくは通行する者の側方おおむね60cm以内又は作業床若しくは通路面からおおむね2m以内の範囲にあることをいうこと。

※2　「防止する措置」とは、当該配線又は移動電線を絶縁被覆の完全なものと取り換えること。絶縁被覆が損傷し、又は老化している部分を補修すること等の措置をいうこと。

（昭和35年11月22日基発第990号）

（移動電線等の被覆又は外装）

第337条　事業者は、水その他導電性の高い液体によつて湿潤している場所において使用する移動電線又はこれに附属する接続器具で、労働者が作業中又は通行の際に接触するおそれのあるものについては、

当該移動電線又は接続器具の被覆又は外装が当該導電性の高い液体^{※1}に対して絶縁効力を有するものでなければ、使用してはならない。

解説

※1 「導電性の高い液体に対して絶縁効力を有するもの」とは、当該液体が侵入しない構造で、かつ、使用する電圧に応じて絶縁性能を有するもの（腐蝕性の液体に対しては耐蝕性をも具備するもの）をいい、移動電線についてはキャブタイヤケーブル、クロロプレン外装ケーブル、防湿2個よりコード等が、また、接続器具については防水型、防滴型、屋外型等の構造のものがこれに該当すること。

（昭和35年11月22日基発第990号）

（仮設の配線等）

第338条 事業者は、仮設の配線^{※1}又は移動電線を通路面において使用してはならない。ただし、当該配線又は移動電線の上を車両その他^{※2}の物が通過すること等による絶縁被覆の損傷のおそれのない状態^{※3}で使用するときは、この限りでない。

解説

※1 「仮設の配線」とは、短期間臨時的に使用する目的で、工作物等に仮取り付けした配線をいうこと。

※2 「その他の物」とは、通路面をころがして移送するボンベ、ドラム罐等の重量物をいうこと。

※3 「絶縁被覆の損傷のおそれがない状態」とは、当該配線又は移動電線に防護覆を装置すること、当該配線又は移動電線を金属管内又はダクト内に収めること等の方法により、絶縁被覆について損傷防護の措置を講じてある状態及び当該配線又は移動電線を通路面の側端に、かつ、これに添って配置し、車両等がその上を通過すること等のおそれがない状態をいう。

（昭和35年11月22日基発第990号）

第3節　停電作業

（停電作業を行なう場合の措置）

第339条 事業者は、電路を開路して、当該電路^{※1}又はその支持物^{※2}の敷設、点検、修理、塗装等^{※3}の電気工事の作業を行なうときは、当該電路を開路した後に、当該電路について、次に定める措置を講じなければならない。当該電路に近接する^{※4}電路若しくはその支持物の敷設、点検、修理、塗装等の電気工事の作業又は当該電路に近接する工作物（電路の支持物を除く。以下この章において同じ。）の建設、解体、点検、修理、塗装等の作業を行なう場合も同様とする。

1. 開路に用いた開閉器に、作業中、施錠し、若しくは通電禁止に関する所要事項[※5]を表示し、又は監視人を置くこと。
2. 開路した電路が電力ケーブル、電力コンデンサー等を有する電路で、残留電荷による危険を生ずるおそれのあるものについては、安全な方法[※6]により当該残留電荷を確実に放電させること。
3. 開路した電路が高圧又は特別高圧であつたものについては、検電器具[※7]により停電を確認し、かつ、誤通電、他の電路との混触[※8]又は他の電路からの誘導[※9]による感電の危険を防止するため、短絡接地器具を用いて確実に短絡接地すること。

2 事業者は、前項の作業中又は作業を終了した場合において、開路した電路に通電しようとするときは、あらかじめ、当該作業に従事する労働者について感電の危険が生ずるおそれのないこと及び短絡接地器具を取りはずしたことを確認した後でなければ、行なつてはならない。

解説

※1 「事業者は、電路を開路して」とは、同項後段についてもかかっているものであること。

※2 「電路の支持物」とは、がいし及びその支持金具、電柱及びその控線、腕木、腕金等の附属物、変圧器、避雷器、コンデンサ等の電力装置の支持台、配線を固定するための金属管、線ぴ等の配線支持具等電路を支持する物をいうこと。

※3 「塗装等」の「等」には、がいし掃除、通信線の配電柱への架設又は配電柱からの撤去等が含まれること。

※4 「近接する」とは、昭和34年2月18日付基発第101号通ちょう記の9の（6）の表〈第570条の解説※4参照〉に示す離隔距離以内にあることをいうこと。

（昭和35年11月22日基発第990号）

※5 「通電禁止に関する所要事項」とは、通電操作責任者の氏名、停電作業箇所、当該開閉器を不意に投入することを防止するため必要な事項をいうこと。なお、上記のほか、通電操作責任者の許可なく通電することを禁止する意を含むものである。

（昭和35年11月22日基発第990号、昭和44年2月5日基発第59号）

※6 「安全な方法」とは、当該電路に放電線輪等を施設し、開路と同時に自動的に残留電荷を放電させる方法、放電専用の器具を用いて開路後すみやかに残留電荷を放電させる方法等の方法をいうこと。

※7 「検電器具」とは、電路の電圧に応じた絶縁耐力及び検電性能を有する携帯型の検電器をいい、当該電路の電圧に応じた絶縁耐力を有する断路器操作用フック棒であって当該電路に近接させて、コロナ放電により、検電することができるもの、作業箇所に近接し、かつ、作業に際して確認することができる位置に施設された電圧計（各相間の電圧を計測できるものに限る。）等が含まれること。

※8 「混触」には、低圧側電路の故障等に起因するステップ・アップ（高電圧誘起）が含まれること。

※9 「誘導」とは、近接する交流の高圧又は特別高圧の電路の相間の不平衡等により、開路した電路に高電圧が誘起される場合をいうこと。

（昭和35年11月22日基発第990号）

（断路器等の開路）

第340条　事業者は、高圧又は特別高圧の電路の断路器、線路開閉器等の開閉器で、負荷電流^{※1}をしや断^{※2}するためのものでないものを開路するときは、当該開閉器の誤操作を防止するため、当該電路が無負荷であることを示すためのパイロットランプ^{※3}、当該電路の系統を判別するためのタブレット^{※4}等^{※5}により、当該操作を行なう労働者に当該電路が無負荷であることを確認させなければならない。ただし、当該開閉器に、当該電路が無負荷でなければ開路することができない緊錠装置^{※6}を設けるときは、この限りでない。

解説

※1　「負荷電流」には、変圧器の励磁電流又は短距離の電線路の充電電流は含まれないこと。

※2　「遮断するためのものではないもの」とは、それ自体を遮断の用には供しない構造のものであって、遮断に用いればアークを発して危害を生ずるおそれがあるものをいうこと。

※3　「パイロットランプにより」とは、当該操作の対象となる断路器、線路開閉器等に近接した位置にパイロットランプを取りつけ、操作する者が確認することができるようにすること。

※4　「タブレット等により」とは、電源遮断用の操作盤と当該操作の対象となる断路器、線路開閉器等に近接した位置とにタブレット受を備えつけて、操作する者が確認することができるようにすることをいうこと。

※5　「タブレット等」の「等」には、同期信号方式の操作指示計を当該操作の対象となる断路器、線路開閉器等に近接した位置に備えつけて操作の指示をする方法、インターホンによって操作の指令をする方法等が含まれること。

※6　「緊錠装置」とは、当該電路の遮断器によって負荷を遮断した後でなければ、断路器、線路開閉器等の操作を行なうことができないようにインタロック（電気的インタロック又は機械的インタロック）した装置をいうこと。

（昭和35年11月22日基発第990号）

第4節　活線作業及び活線近接作業

（高圧活線作業）

第341条　事業者は、高圧の充電電路^{※1}の点検、修理等当該充電電路^{※2}を取り扱う作業を行なう場合において、当該作業に従事する労働者について感電の危険が生ずるおそれのあるときは、次の各号のいずれかに該当する措置を講じなければならない。

1. 労働者に絶縁用保護具^{※3}を着用させ、かつ、当該充電電路のうち労働者が現に取り扱つている部分以外の部分が、接触し、又は接近することにより感電の危険が生ずるおそれのあるものに絶縁用防^{※4}

具を装着すること。

2. 労働者に活線作業用器具[※5]を使用させること。

3. 労働者に活線作業用装置[※6]を使用させること。この場合には、労働者が現に取り扱つている充電電路と電位を異にする物に、労働者の身体又は労働者が現に取り扱つている金属製の工具、材料等の導電体（以下「身体等」という。）が接触し、又は接近することによる感電の危険を生じさせてはならない。

2　労働者は、前項の作業において、絶縁用保護具の着用、絶縁用防具の装着又は活線作業用器具若しくは活線作業用装置の使用を事業者から命じられたときは、これを着用し、装着し、又は使用しなければならない。

解説

※1　「高圧の充電電路」とは、高圧の裸電線、電気機械器具の高圧の露出充電部分のほか、高圧電路に用いられている高圧絶縁電線、引下げ用高圧絶縁電線、高圧用ケーブル又は特別高圧用ケーブル、高圧用キャブタイヤケーブル、電気機械器具の絶縁物で覆われた高圧充電部分等であって、絶縁被覆又は絶縁覆いの老化、欠如若しくは損傷している部分が含まれるものであること。
（昭和44年2月5日基発第59号）

※2　「点検、修理等露出充電部分を取り扱う作業」には、電線の分岐、接続、切断、引どめ、バインド等の作業が含まれること。

※3　「絶縁用保護具」とは、電気用ゴム手袋、電気用帽子、電気用ゴム袖、電気用ゴム長靴等作業を行なう者の身体に着用する感電防止の保護具をいうこと。

※4　「絶縁用防具」とは、ゴム絶縁管、ゴムがいしカバ、ゴムシート、ビニールシート等電路に対して取り付ける感電防止用の装具をいうこと。

※5　「活線作業用器具」とは、その使用の際に作業を行なう者の手で持つ部分が絶縁材料で作られた棒状の絶縁工具をいい、いわゆるホットステックのごときものをいうこと。

※6　「活線作業用装置」とは、対地絶縁を施こした活線作業用車又は活線作業用絶縁台をいうこと。
（昭和35年11月22日基発第990号）

（高圧活線近接作業）

第342条　事業者は、電路又はその支持物の敷設、点検、修理、塗装等の電気工事の作業を行なう場合において、当該作業に従事する労働者が高圧の充電電路[※1]に接触し、又は当該充電電路に対して頭上距離[※2]が30センチメートル以内又は躯側距離若しくは足下距離[※3]が60センチメートル以内に接近することにより感電の危険が生ずるおそれのあるときは、当該充電電路に絶縁用防具を装着しなければならない。ただし、当該作業に従事する労働者に絶縁用保護具を着用させて作業を行なう場合において、当該絶縁用保護具を着用する身体[※4]の

部分以外の部分が当該充電電路に接触し、又は接近することにより感電の危険が生ずるおそれのないときは、この限りでない。

2　労働者は、前項の作業において、絶縁用防具の装着又は絶縁用保護具の着用を事業者から命じられたときは、これを装着し、又は着用しなければならない。

解説

※1 「高圧の充電電路に接触する」の「接触」には、労働者が現に取り扱っている金属製の工具、材料等の導電体を介しての接触を含むものであること。
　　　　　　　　　（昭和44年2月5日基発第59号）

※2 「頭上距離30センチメートル以内又は躯側距離若しくは足下距離60センチメートル以内」とは、頭上30cmの水平面、躯幹部の表面からの水平距離60cmの鉛直面及び足下60cmの水平面により囲まれた範囲内をいうこと。

（昭和35年11月22日基発第990号）

※3 「躯側距離」には、架空電線の場合であって風による電線の動揺があるときは、その動揺幅を加算した距離を保つ必要があること。
　　　　　　　　　（昭和44年2月5日基発第59号）

※4 「身体の部分以外の部分」とは、身体のうち、保護具によって保護されていない部分をいうこと。
　　　　　　　　（昭和35年11月22日基発第990号）

（絶縁用防具の装着等）

第343条　事業者は、前2条の場合において、絶縁用防具の装着又は取りはずしの作業を労働者に行なわせるときは、当該作業に従事する労働者に、絶縁用保護具を着用させ、又は活線作業用器具若しくは活線作業用装置を使用させなければならない。

2　労働者は、前項の作業において、絶縁用保護具の着用又は活線作業用器具若しくは活線作業用装置の使用を事業者から命じられたときには、これを着用し、又は使用しなければならない。

（特別高圧活線作業）

第344条　事業者は、特別高圧の充電電路又はその支持がいしの点検、修理、清掃等の電気工事の作業を行なう場合において、当該作業に従事する労働者について感電の危険が生ずるおそれのあるときは、次の各号のいずれかに該当する措置を講じなければならない。

1.労働者に活線作業用器具を使用させること。この場合には、身体等について、次の表の左欄に掲げる充電電路の使用電圧に応じ、それぞれ同表の右欄に掲げる充電電路に対する接近限界距離を保たせなければならない。

充電電路の使用電圧 （単位　キロボルト）	充電電路に対する接近限界距離 （単位　センチメートル）
22以下	20
22をこえ33以下	30
33をこえ66以下	50
66をこえ77以下	60
77をこえ110以下	90
110をこえ154以下	120
154をこえ187以下	140
187をこえ220以下	160
220をこえる場合	200

2.労働者に活線作業用装置[※7]を使用させること。この場合には、労働者が現に取り扱つている充電電路若しくはその支持がいしと電位を異にする物に身体等が接触し、又は接近することによる感電の危険を生じさせてはならない。

2　労働者は、前項の作業において、活線作業用器具又は活線作業用装置の使用を事業者から命じられたときは、これを使用しなければならない。

解説

本条は現段階においては特別高圧用の絶縁用保護具、絶縁用防具がないため、危害防止の措置については活線作業用装置又は活線作業用器具の使用に限ることとしたものであること。

（昭和35年11月22日基発第990号）

※1 「特別高圧の充電電路」とは、特別高圧の裸電線、電気機械器具の特別高圧の露出充電部分のほか、特別高圧電路に用いられている特別高圧用ケーブル、電気機械器具の絶縁物で覆われた特別高圧充電部分等であって、絶縁被覆又は絶縁覆いの老化、欠如若しくは損傷している部分が含まれるものであること。

なお、特別高圧の充電部に接近している絶縁物に静電誘導により電位を生じたものは含まれないものであること。

※2 「清掃」とは、特別高圧の充電電路の支持がいしの清掃をいうものであること。

なお、「清掃等」の「等」には、特別高圧の電路又はその支持がいしの移設、取り替え等が含まれるものであること。

※3 「活線作業用器具」とは、使用の際に、手で持つ部分が絶縁材料で作られた棒状の特別高圧用絶縁工具をいい、ホットスティック、開閉器操作用フック棒等のほか不良がいし検出器が含まれるものであること。ただし、注水式の活線がいし洗浄器は、活線作業用器具に含まれないこと。

※4 「充電電路の使用電圧」の最上限を「220kV をこえるもの」と規定しその場合に必要な接近限界距離を200cm としているが、これは、現行の送電電圧の最高値

231

である275kVを予定して定めたものであるから、充電電路の使用電圧が275kVをこえる場合には十分でないので、その場合は、当該使用電圧に応じて安全な接近限界距離を保たせるように指導する必要があること。

※5 「使用電圧」とは、電路の公称電圧（電路を代表する線間電圧をいう。）をいうものであること。

※6 「接近限界距離」は、労働者の身体又は労働者が現に取り扱っている金属製の工具、材料等の導電体のうち、特別高圧の充電電路に最も近接した部分と、当該充電電路との最短直線距離においてアーク閃絡のおそれがある距離として、当該電路の常規電圧だけでなく電路内部に発生する異常電圧（開閉サージ及び持続性異常電圧）をも考慮して定めたものであること。

なお、架空電線の場合であって、風による電線の動揺があるときはその動揺幅を加算した距離を保つ必要があること。

※7 「活線作業用装置」とは、対地絶縁を施した活線作業用車、活線作業用絶縁台等であって、対象とする特別高圧の電圧について絶縁効力を有するものをいうこと。

（昭和44年2月5日基発第59号）

（特別高圧活線近接作業）

第345条 事業者は、電路又はその支持物（特別高圧の充電電路の支持がいしを除く。）の点検、修理、塗装、清掃等[※1]の電気工事の作業を行なう場合において、当該作業に従事する労働者が特別高圧の充電電路に接近することにより感電の危険が生ずるおそれのあるとき[※2]は、次の各号のいずれかに該当する措置を講じなければならない。

1. 労働者に活線作業用装置を使用させること。

2. 身体等について、前条第1項第1号に定める充電電路に対する接近限界距離を保たせなければならないこと。この場合には、当該充電電路に対する接近限界距離を保つ見やすい箇所に標識等[※3]を設け、又は監視人を置き作業を監視させること。

2 労働者は、前項の作業において、活線作業用装置の使用を事業者から命じられたときは、これを使用しなければならない。

解説

※1 「清掃」とは、特別高圧の充電電路以外の電路の支持がいしの清掃をいうものであること。

※2 「特別高圧の充電電路に接近することにより感電の危険を生ずるおそれがあるとき」とは、特別高圧の充電電路の使用電圧に応じて、当該充電電路に対する接近限界距離以内に接近することにより感電の危害を生ずるおそれのあるときをいうものであること。

※3 「標識等」の「等」には、鉄構、鉄塔等に設ける区画ロープ、立入禁止棒のほか、発変電室等に設ける区画ネット、柵等が含まれるものであること。

（昭和44年2月5日基発第59号）

（低圧活線作業）

第346条　事業者は、低圧の充電電路^{※1}の点検、修理等当該充電電路を取り扱う作業を行なう場合において、当該作業に従事する労働者について感電の危険^{※2}が生ずるおそれのあるときは、当該労働者に絶縁用保護具^{※3}を着用させ、又は活線作業用器具^{※4}を使用させなければならない。

2　労働者は、前項の作業において、絶縁用保護具の着用又は活線作業用器具の使用を事業者から命じられたときは、これを着用し、又は使用しなければならない。

解説

※1　「低圧の充電電路」とは、低圧の裸電線、電気機械器具の低圧の露出充電部分のほか、低圧用電路に用いられている屋外用ビニル絶縁電線、引込用ビニル絶縁電線、600Vビニル絶縁電線、600Vゴム絶縁電線、電気温床線、ケーブル、高圧用の絶縁電線、電気機械器具の絶縁物で覆われた低圧充電部分等であって絶縁被覆又は絶縁覆いが欠如若しくは損傷している部分が含まれるものであること。

（昭和44年2月5日基発第59号）

※2　「感電の危険を生ずるおそれがあるとき」とは、作業を行なう場所の足もとが湿潤しているとき、導電性の高い物の上であるとき、降雨、発汗等により作業衣が湿潤しているとき等感電しやすい状態となっていることをいうこと。

（昭和35年11月22日基発第990号）

※3　「絶縁用保護具」とは、身体に着用する感電防止用保護具であって、交流で300Vをこえる低圧の充電電路について用い

るものは第348条に定めるものでなければならないが、直流で750V以下又は交流で300V以下の充電電路について用いるものは、対象とする電路の電圧に応じた絶縁性能を有するものであればよく、ゴム引又はビニル引の作業手袋、皮手袋、ゴム底靴等であって濡れていないものが含まれるものであること。

※4　「活線作業用器具」とは、使用の際に手で持つ部分が絶縁材料で作られた棒状の絶縁工具であって、交流で300Vをこえる低圧の充電電路について用いるものは、第348条に定めるものでなければならないが、直流で750V以下又は交流で300V以下の充電電路について用いるものは、対象とする電路の電圧に応じた絶縁性能を有するものであればよく、絶縁棒その他絶縁性のものの先端部に工具部分を取り付けたもの等が含まれるものであること。

（昭和44年2月5日基発第59号）

（低圧活線近接作業）

第347条　事業者は、低圧の充電電路に近接する場所で電路又はその支持物の敷設、点検、修理、塗装等の電気工事の作業を行なう場合において、当該作業に従事する労働者が当該充電電路に接触することにより感電の危険が生ずるおそれのあるときは、当該充電電路に絶縁用防具^{※1}を装着しなければならない。ただし、当該作業に従事する労働者に絶縁用保護具を着用させて作業を行なう場合において、

当該絶縁用保護具を着用する身体の部分以外の部分が当該充電電路に接触するおそれのないときは、この限りでない。

2　事業者は、前項の場合において、絶縁用防具の装着又は取りはずしの作業を労働者に行なわせるときは、当該作業に従事する労働者に、絶縁用保護具を着用させ、又は活線作業用器具を使用させなければならない。

3　労働者は、前2項の作業において、絶縁用防具の装着、絶縁用保護具の着用又は活線作業用器具の使用を事業者から命じられたときは、これを装着し、着用し、又は使用しなければならない。

解説

※1　「絶縁用防具」とは、電路に取り付ける感電防止のための装具であって、交流で300Vをこえる低圧の充電電路について用いるものは第348条に定めるものでなければならないが、直流で750V以下又は交流で300V以下の充電電路について用いるものは、対象とする電路の電圧に応じた絶縁性能を有するものであればよく、割竹、当て板等であって乾燥しているものが含まれるものであること。
（昭和44年2月5日基発第59号）

（絶縁用保護具等）

第348条　事業者は、次の各号に掲げる絶縁用保護具等については、それぞれの使用の目的に適応する種別、材質及び寸法のものを使用しなければならない。

1. 第341条から第343条までの絶縁用保護具
2. 第341条及び第342条の絶縁用防具
3. 第341条及び第343条から第345条までの活線作業用装置
4. 第341条、第343条及び第344条の活線作業用器具
5. 第346条及び第347条の絶縁用保護具及び活線作業用器具並びに第347条の絶縁用防具

2　事業者は、前項第5号に掲げる絶縁用保護具、活線作業用器具及び絶縁用防具で、直流で750ボルト以下又は交流で300ボルト以下の充電電路に対して用いられるものにあつては、当該充電電路の電圧に応じた絶縁効力を有するものを使用しなければならない。

解説

第2項は、直流で750V以下又は交流で300V以下の充電電路に対して用いられる絶縁用保護具、活線作業用器具及び絶縁用防具については、法第42条の労働大臣が定める規格を具備すべき機械等とされておらず、したがって絶縁効力についての規格が定められていな

いが、これらを使用するときは、その使用する充電電路の電圧に応じた絶縁効力を有するものでなければ使用してはならないことを定

めたものであること。

（昭和50年7月21日基発第415号）

（工作物の建設等の作業を行なう場合の感電の防止）

第349条　事業者は、架空電線※1又は電気機械器具の充電電路に近接する場所で、工作物※2の建設、解体、点検、修理、塗装等の作業若しくはこれらに附帯する作業※3又はくい打機、くい抜機、移動式クレーン等※4を使用する作業を行なう場合※5において、当該作業に従事する労働者が作業中又は通行の際に、当該充電電路に身体等が接触し、又は接近することにより感電の危険が生ずるおそれのあるときは、次の各号のいずれかに該当する措置を講じなければならない。

1. 当該充電電路を移設すること。
2. 感電の危険を防止するための囲い※6を設けること。
3. 当該充電電路に絶縁用防護具※7を装着すること。
4. 前3号に該当する措置※8を講ずることが著しく困難なときは、監視人を置き、作業を監視させること。

解説

※1 「架空電線」とは、送電線、配電線、引込線、電気鉄道又はクレーンのトロリ線等の架設の配線をいうものであること。

※2 「工作物」（第339条において同じ。）とは、人為的な労作を加えることによって、通常、土地に固定して設備される物をいうものであること。ただし、電路の支持物は除かれること。

※3 「これらに附帯する作業」には、調査、測量、掘削、運搬等が含まれるものであること。

※4 「くい打機、くい抜機、移動式クレーン等」の「等」には、ウインチ、レッカー車、機械集材装置、運材索道等が含まれるものであること。

※5 「くい打機、くい抜機、移動式クレーン等を使用する作業を行なう場合」の「使用する作業を行なう場合」とは、運転及びこれに附帯する作業のほか、組立、移動、点検、調整又は解体を行なう場合が含まれるものであること。

※6 「囲い」とは、乾燥した木材、ビニル板

等絶縁効力のあるもので作られたものでなければならないものであること。

※7 「絶縁用防護具」とは、建設工事（電気工事を除く。）等を活線に近接して行なう場合の線カバ、がいしカバ、シート等電路に装着する感電防止用装具であって、第341条、第342条及び第347条に規定する電気工事用の絶縁用防具とは異なるものであるが、これらの絶縁用防具の構造、材質、絶縁性能等が第348条に基づいて労働大臣が告示で定める規格に適合するものは、本条の絶縁用防護具に含まれるものであること。ただし、電気工事用の絶縁用防具のうち天然ゴム製のものは、耐候性の点から本条の絶縁用防護具には含まれない。

※8 「前3号に該当する措置を講ずることが著しく困難な場合」とは、充電電路の電圧の種別を問わず第1号の措置が不可能な場合、特別高圧の電路であって第2号又は第3号の措置が不可能な場合その他電路が高圧又は低圧の架空電線であっ

て、その径間が長く、かつ径間の中央部分に近接して短時間の作業を行なうため第2号又は第3号の措置が困難な場合をいうものであること。

（昭和44年2月5日基発第59号）

〔移動式クレーン等の送配電線類への接触による感電災害の防止対策について〕

1　送配電線類に対して安全な離隔距離を保つこと。

　移動式クレーン等の機体、ワイヤーロープ等と送配電線類の充電部分との離隔距離を、次の表の左欄に掲げる電路の電圧に応じ、それぞれ同表の右欄に定める値以上とするよう指導すること。

電路の電圧	離隔距離
特別高圧	2m。ただし、60,000V以上は10,000V又はその端数を増すごとに20cm増し。
高　　圧	1.2m
低　　圧	1m

　なお、移動式クレーン等の機体、ワイヤーロープ等が目測上の誤差等によりこの離隔距離内に入ることを防止するために、

移動式クレーン等の行動範囲を規制するための木柵、移動式クレーンのジブ等の行動範囲を制限するためのゲート等を設けることが望ましい。

2　監視責任者を配置すること。

　移動式クレーン等を使用する作業について的確な作業指揮をとることができる監視責任者を当該作業現場に配置し、安全な作業の遂行に努めること。

3　作業計画の事前打合せをすること。

　この種作業の作業計画の作成に当たっては、事前に、電力会社等送配電線類の所有者と作業の日程、方法、防護措置、監視の方法、送配電線類の所有者の立会い等について、十分打ち合わせるように努めること。

4　関係作業者に対し、作業標準を周知徹底させること。

　関係作業者に対して、感電の危険性を十分周知させるとともに、その作業準備を定め、これにより作業が行われるよう必要な指導を行うこと。

（昭和50年12月17日基発第759号）

第5節　管　理

（電気工事の作業を行なう場合の作業指揮等）

第350条　事業者は、第339条、第341条第1項、第342条第1項、第344条第1項又は第345条第1項の作業を行なうときは、当該作業に従事する労働者に対し、作業を行なう期間、作業の内容並びに取り扱う電路^{※1}及びこれに近接する電路^{※2}の系統について周知させ、かつ、作業の指揮者を定めて、その者に次の事項を行なわせなければならない。

1. 労働者にあらかじめ作業の方法及び順序を周知させ、かつ、作業を直接指揮すること。

2. 第345条第1項の作業を同項第2号の措置を講じて行なうときは、標識等の設置又は監視人の配置の状態を確認した後に作業の着手を指示すること。

3. 電路を開路して作業を行なうときは、当該電路の停電の状態及び開路に用いた開閉器の施錠、通電禁止に関する所要事項の表示又

は監視人の配置の状態並びに電路を開路した後における短絡接地器具の取付けの状態を確認した後に作業の着手を指示すること。

解説

※1　「作業の内容」とは、実施を予定している作業の内容、活線作業又は活線近接作業の必要の有無のほか、作業上の禁止事項を含むものであること。

※2　「電路の系統」とは、発変電所、開閉

所、電気使用場所等の間を連絡する配線、これらの支持物及びこれらに接続される電気機械器具の一連の系統をいうものであること。

（昭和44年2月5日基発第59号）

（絶縁用保護具等の定期自主検査）

第351条　事業者は、第348条第1項各号に掲げる絶縁用保護具等（同項第5号に掲げるものにあつては、交流で300ボルトを超える低圧の充電電路に対して用いられるものに限る。以下この条において同じ。）については、6月以内ごとに1回、定期に、その絶縁性能について自主検査を行わなければならない。ただし、6月を超える期間使用しない絶縁用保護具等の当該使用しない期間においては、この限りでない。

2　事業者は、前項ただし書の絶縁用保護具等については、その使用を再び開始する際に、その絶縁性能について自主検査を行なわなければならない。

3　事業者は、第1項又は第2項の自主検査の結果、当該絶縁用保護具等に異常を認めたときは、補修その他必要な措置を講じた後でなければ、これらを使用してはならない。

4　事業者は、第1項又は第2項の自主検査を行つたときは、次の事項を記録し、これを3年間保存しなければならない。

1. 検査年月日
2. 検査方法
3. 検査箇所
4. 検査の結果
5. 検査を実施した者の氏名
6. 検査の結果に基づいて補修等の措置を講じたときは、その内容

解説

　本条の絶縁性能についての定期自主検査を行う場合の耐電圧試験は、絶縁用保護具等の規格（昭和47年労働省告示第144号）に定め

る方法によること。ただし、絶縁用保護具及び絶縁用防具の耐電圧試験の試験電圧については、次の表の上欄に掲げる種類に応じ、そ

れぞれ同表の下欄に定める電圧以上とすること。

電圧	絶縁用保護具又は絶縁用防具の種類
交流 一五〇〇ボルト	交流の電圧が三〇〇ボルト以下である電路について用いるもの。
交流 六、〇〇〇ボルト	交流の電圧が三〇〇ボルトを超え六〇〇ボルト以下である電路について用いるもの。
交流 一〇、〇〇〇ボルト	交流の電圧が六〇〇ボルトを超え三、五〇〇ボルト以下である電路又は直流の電圧が七五〇ボルトを超え三、五〇〇ボルト以下である電路について用いるもの。
交流 一〇、〇〇〇ボルト	電圧が三、五〇〇ボルトを超える電路について用いるもの。

（昭五〇・七・二一 基発第四一五号）

（電気機械器具等の使用前点検等）

第352条　事業者は、次の表の左欄に掲げる電気機械器具等を使用するときは、その日の使用を開始する前に当該電気機械器具等の種別に応じ、それぞれ同表の右欄に掲げる点検事項について点検し、異常を認めたときは、直ちに、補修し、又は取り換えなければならない。

電気機械器具等の種別	点検事項
第331条の溶接棒等のホルダー	絶縁防護部分及びホルダー用ケーブルの接続部の損傷の有無
第332条の交流アーク溶接機用自動電撃防止装置	作動状態
第333条第1項の感電防止用漏電しや断装置	
第333条の電動機械器具で、同条第2項に定める方法により接地をしたもの	接地線の切断、接地極の浮上がり等の異常の有無
第337条の移動電線及びこれに附属する接続器具	被覆又は外装の損傷の有無
第339条第1項第3号の検電器具	検電性能
第339条第1項第3号の短絡接地器具	取付金具及び接地導線の損傷の有無
第341条から第343条までの絶縁用保護具	ひび、割れ、破れその他の損傷の有無及び乾燥状態
第341条及び第342条の絶縁用防具	
第341条及び第343条から第345条ま	

での活線作業用装置
第341条、第343条及び第344条の活線作業用器具
第346条及び第347条の絶縁用保護具及び活線作業用器具並びに第347条の絶縁用防具
第349条第3号及び第570条第1項第6号の絶縁用防護具

解説

・充電電路に近接した場所で使用する高所作業車は原則として活線作業用装置としての絶縁が施されたものを使用すること。
・高所作業車のうち、活線作業用装置として使用するものにあっては、絶縁部分のひび、割れ、破れその他の損傷の有無及び乾燥状態についても点検を行うこと。
・高所作業車のうち、活線作業用装置として使用するものにあつては、6月以内ごとに一回、定期に、その絶縁性能についても自主検査を行うこと。

（電気機械器具の囲い等の点検等）

第353条　事業者は、第329条の囲い及び絶縁覆いについて、毎月1回以上、その損傷の有無を点検[※1]し、異常を認めたときは、直ちに補修しなければならない。

解説

※1「点検」とは、取付部のゆるみ、はずれ、破損状態等についての点検を指すものであり、分解検査、絶縁抵抗試験等を含む趣旨ではないこと。
（昭和35年11月22日基発第990号）

第6節　雑　則

（適用除外）

第354条　この章の規定は、電気機械器具、配線[※1]又は移動電線[※2]で、対地電圧が50ボルト以下であるものについては、適用しない。

解説

※1「配線」とは、がいし引工事、線ぴ工事、金属管工事、ケーブル工事等の方法により、固定して施設されている電線をいい、電気使用場所に施設されているも

ののほか、送電線、配電線、引込線等を
も含むこと。なお、電気機械器具内の電
線は含まないこと。
※2 「移動電線」とは、移動型又は可搬型の
電気機械器具に接続したコード、ケーブ

ル等固定して使用しない電線をいい、つ
り下げ電灯のコード、電気機械器具内の
電線等は含まないこと。

（昭和35年11月22日基発第990号）

第9章　墜落、飛来崩壊等による危険の防止

第1節　墜落等による危険の防止

（作業床の設置等）
第518条　事業者は、高さが2メートル以上の箇所（作業床の端、開[※1]
　口部等を除く。）で作業を行なう場合において墜落により労働者に
　危険を及ぼすおそれのあるときは、足場を組み立てる等の方法によ[※2]
　り作業床を設けなければならない。
2　事業者は、前項の規定により作業床を設けることが困難なとき
　は、防網を張り、労働者に要求性能墜落制止用器具を使用させる等[※3]
　墜落による労働者の危険を防止するための措置を講じなければなら
　ない。

解説

※1　「作業床の端、開口部等」には、物品揚
　卸口、ピット、たて坑又はおおむね40度
　以上の斜坑の坑口及びこれが他の坑道と
　交わる場所並びに井戸、船舶のハッチ等
　が含まれること。
　　　　（昭和44年2月5日基発第59号）
※2　本条は、従来の足場設置義務を作業床
　の設置義務に改めたものであり、「足場
　を組み立てる等の方法により作業床を設
　ける」には、配管、機械設備等の上に作
　業床を設けること等が含まれるものであ

　ること。
　　　（昭和47年9月18日基発第601号の1）
※3　「労働者に安全帯等を使用させる等」
　の「等」には、荷の上の作業等であっ
　て、労働者に安全帯等を使用させること
　が著しく困難な場合において、墜落によ
　る危害を防止するための保護帽を着用さ
　せる等の措置が含まれること。
（昭和43年6月14日安発第100号、昭和50年
7月21日基発第415号）
［安全帯は要求性能墜落制止用器具と改正］

第519条　事業者は、高さが2メートル以上の作業床の端、開口部等
　で墜落により労働者に危険を及ぼすおそれのある箇所には、囲い、
　手すり、覆い等（以下この条において「囲い等」という。）を設け
　なければならない。

2　事業者は、前項の規定により、囲い等を設けることが著しく困難なとき又は作業の必要上臨時に囲い等を取りはずすときは、防網を張り、労働者に要求性能墜落制止用器具を使用させる等墜落による労働者の危険を防止するための措置を講じなければならない。

第520条　労働者は、第518条第2項及び前条第2項の場合において、要求性能墜落制止用器具等の使用を命じられたときは、これを使用しなければならない。

（要求性能墜落制止用器具等の取付設備等）

第521条　事業者は、高さが2メートル以上の箇所で作業を行う場合において、労働者に要求性能墜落制止用器具等を使用させるときは、要求性能墜落制止用器具等を安全に取り付けるための設備等[1]を設けなければならない。

2　事業者は、労働者に要求性能墜落制止用器具等を使用させるときは、要求性能墜落制止用器具等及びその取付け設備等の異常の有無について、随時点検しなければならない。

解説

※1「安全帯等を安全に取り付けるための設備等」の「等」には、はり、柱等がすでに設けられており、これらに安全帯等を安全に取り付けるための設備として利用することができる場合が含まれること。
（昭和43年6月14日安発第100号、昭和50年7月21日基発第415号）
［安全帯は要求性能墜落制止用器具と改正］

（悪天候時の作業禁止）

第522条　事業者は、高さが2メートル以上の箇所で作業を行なう場合において、強風、大雨、大雪等[1,2]の悪天候のため、当該作業の実施について危険が予想されるときは、当該作業に労働者を従事させてはならない。

解説

〔悪天候〕
※1「強風」とは、10分間の平均風速が毎秒10m以上の風を、「大雨」とは1回の降雨量が50mm以上の降雨を、「大雪」とは1回の降雪量が25cm以上の降雪をいうこと。
※2「強風、大雨、大雪等の悪天候のため」には、当該作業地域が実際にこれらの悪天候となった場合のほか、当該地域に強風、大雨、大雪等の気象注意報または気象警報が発せられ悪天候となることが予想される場合を含む趣旨であること。
（昭和46年4月15日基発第309号）

（照度の保持）

第523条 事業者は、高さが２メートル以上の箇所で作業を行なうときは、当該作業を安全に行なうため必要な照度を保持しなければならない。

（スレート等の屋根上の危険の防止）

第524条 事業者は、スレート、木毛板等[※1]の材料でふかれた屋根の上で作業を行なう場合において、踏み抜きにより労働者に危険を及ぼすおそれのあるときは、幅が30センチメートル以上の歩み板を設け、防網を張る等[※2]踏み抜きによる労働者の危険を防止するための措置を講じなければならない。

※1 「木毛板等」の「等」には、塩化ビニール板等であって労働者が踏み抜くおそれがある材料が含まれること。
・スレート、木毛板等ぜい弱な材料でふかれた屋根であっても、当該材料の下に野地板、間隔が30センチメートル以下の母屋等が設けられており、労働者が踏み抜きによる危害を受けるおそれがない場合には、本条を適用しないこと。
※2 「防網を張る等」の「等」には、労働者に命綱を使用させる等の措置が含まれること。

（昭和43年６月14日安発第100号）

（不用のたて坑等における危険の防止）

第525条 事業者は、不用のたて坑、坑井又は40度以上の斜坑には、坑口の閉そくその他墜落による労働者の危険を防止するための設備を設けなければならない。

2 事業者は、不用の坑道又は坑内採掘跡には、さく、囲いその他通行しや断の設備を設けなければならない。

（昇降するための設備の設置等）

第526条 事業者は、高さ又は深さが1.5メートルをこえる箇所で作業を行なうときは、当該作業に従事する労働者が安全に昇降するための設備等[※1]を設けなければならない。ただし、安全に昇降するための設備等を設けることが作業の性質上著しく困難なとき[※2]は、この限りでない。

2 前項の作業に従事する労働者は、同項本文の規定により安全に昇降するための設備等が設けられたときは、当該設備等を使用しなければならない。

解説

※1「安全に昇降するための設備等」の「等」には、エレベータ、階段等がすでに設けられており労働者が容易にこれらの設備を利用し得る場合が含まれること。

※2「作業の性質上著しく困難な場合」には、立木等を昇降する場合があること。なお、この場合、労働者に当該立木等を安全に昇降するための用具を使用させなければならないことは、いうまでもないこと。

（昭和43年6月14日安発第100号）

（移動はしご）

第527条　事業者は、移動はしごについては、次に定めるところに適合したものでなければ使用してはならない。

1. 丈夫な構造とすること。
2. 材料は、著しい損傷、腐食等がないものとすること。
3. 幅は、30センチメートル以上とすること。
4. すべり止め装置の取付けその他転位[※1]を防止するために必要な措置を講ずること。

解説

※1「転位を防止するために必要な措置」には、はしごの上方を建築物等に取り付けること、他の労働者がはしごの下方を支えること等の措置が含まれること。

・移動はしごは、原則として継いで用いることを禁止し、やむを得ず継いで用いる場合には、次によるよう指導すること。
　イ　全体の長さは9m以下とすること。
　ロ　継手が重合せ継手のときは、接続部において1.5m以上を重ね合せて2箇所以上において堅固に固定すること。
　ハ　継手が突合せ継手のときは1.5m以上の添木を用いて4箇所以上において堅固に固定すること。

・移動はしごの踏み桟は、25cm以上35cm以下の間隔で、かつ、等間隔に設けられていることが望ましいこと。

（昭和43年6月14日安発第100号）

（脚立）

第528条　事業者は、脚立については、次に定めるところに適合したものでなければ使用してはならない。

1. 丈夫な構造とすること。
2. 材料は、著しい損傷、腐食等がないものとすること。
3. 脚と水平面との角度を75度以下とし、かつ、折りたたみ式のものにあつては、脚と水平面との角度を確実に保つための金具等を備えること。
4. 踏み面は、作業を安全に行なうため必要な面積を有すること。

（建築物等の組立て、解体又は変更の作業）

第529条　事業者は、建築物、橋梁、足場等の組立て、解体又は変更の作業（作業主任者を選任しなければならない作業を除く。）を行なう場合において、墜落により労働者に危険を及ぼすおそれのあるときは、次の措置を講じなければならない。

1. 作業を指揮する者を指名して、その者に直接作業を指揮させること。

2. あらかじめ、作業の方法及び順序を当該作業に従事する労働者に周知させること。

（立入禁止）

第530条　事業者は、墜落により労働者に危険を及ぼすおそれのある箇所に関係労働者以外の労働者を立ち入らせてはならない。

（船舶により労働者を輸送する場合の危険の防止）

第531条　事業者は、船舶により労働者を作業を行なう場所に輸送するときは、船舶安全法（昭和8年法律第11号）及び同法に基づく命令の規定に基づいて当該船舶について定められた最大とう載人員をこえて労働者を乗船させないこと、船舶に浮袋その他の救命具を備えること等当該船舶の転覆若しくは沈没又は労働者の水中への転落による労働者の危険を防止するため必要な措置を講じなければならない。

（救命具等）

第532条　事業者は、水上の丸太材、網羽、いかだ、櫓又は櫂を用いて運転する舟等の上で作業を行なう場合において、当該作業に従事する労働者が水中に転落することによりおぼれるおそれのあるときは、当該作業を行なう場所に浮袋その他の救命具を備えること、当該作業を行なう場所の附近に救命のための舟を配置すること等救命のため必要な措置を講じなければならない。

（ホツパー等の内部における作業の制限）

第532条の2　事業者は、ホツパー又はずりびんの内部その他土砂に^{※1}埋没すること等により労働者に危険を及ぼすおそれがある場所で作業を行わせてはならない。ただし、労働者に要求性能墜落制止用器具を使用させる等当該危険を防止するための措置を講じたときは、この限りでない。

解説

※1「土砂に埋没すること等」とは、飼料、肥料、鉱さい等に埋没すること、機械設備等に巻き込まれること等を含むもので

あること。

（昭和52年4月25日基発第246号）

（煮沸槽等への転落による危険の防止）

第533条　事業者は、労働者に作業中又は通行の際に転落することにより火傷、窒息^{※1}等の危険を及ぼすおそれのある煮沸槽、ホッパー、ピット^{※2}等があるときは、当該危険を防止するため、必要な箇所に高さが75センチメートル以上の丈夫なさく等を設けなければならない。ただし、労働者に要求性能墜落制止用器具を使用させる^{※3}等転落による労働者の危険を防止するための措置を講じたときは、この限りでない。

解説

※1「窒息等」の「等」には、中毒すること、機械に巻き込まれること等が含まれること。

※2「ピット等」の「等」には、砂びん等が含まれること。

（昭和43年6月14日安発第100号、昭和50年7

月21日基発第415号）

※3「労働者に安全帯等を使用させる等」の「等」には、通行中の労働者の危険な箇所への立ち入りを防止するため監視人を配置することが含まれること。

［安全帯は要求性能墜落制止用器具と改正］

第2節　飛来崩壊災害による危険の防止

（地山の崩壊等による危険の防止）

第534条　事業者は、地山の崩壊又は土石の落下により労働者に危険を及ぼすおそれのあるときは、当該危険を防止するため、次の措置を講じなければならない。

1. 地山を安全なこう配とし、落下のおそれのある土石を取り除き、又は擁壁、土止め支保工等を設けること。

2. 地山の崩壊又は土石の落下の原因となる雨水、地下水等を排除すること。

（落盤等による危険の防止）

第535条　事業者は、坑内における落盤、肌落ち又は側壁の崩壊により労働者に危険を及ぼすおそれのあるときは、支保工を設け、浮石を取り除く等当該危険を防止するための措置を講じなければならない。

（高所からの物体投下による危険の防止）

第536条 事業者は、３メートル以上の高所から物体を投下するときは、適当な投下設備を設け、監視人を置く等労働者の危険を防止するための措置を講じなければならない。

2 労働者は、前項の規定による措置が講じられていないときは、３メートル以上の高所から物体を投下してはならない。

（物体の落下による危険の防止）

第537条 事業者は、作業のため物体が落下することにより、労働者に危険を及ぼすおそれのあるときは、防網の設備を設け、立入区域を設定する等当該危険を防止するための措置を講じなければならない。

（物体の飛来による危険の防止）

第538条 事業者は、作業のため物体が飛来することにより労働者に危険を及ぼすおそれのあるときは、飛来防止の設備を設け、労働者に保護具を使用させる等当該危険を防止するための措置を講じなければならない。

| 解説 |

・飛来防止の設備は、物体の飛来自体を防ぐべき措置を設けることを第一とし、この予防措置を設け難い場合、もしくはこの予防措置を設けるもなお危害のおそれのある場合に、保護具を使用せしめること。（昭和23年５月11日基発第737号、昭和33年２月13日基発第90号）

（保護帽の着用）

第539条 事業者は、船台の附近、高層建築場等の場所で、その上方において他の労働者が作業を行なつているところにおいて作業を行なうときは、物体の飛来又は落下による労働者の危険を防止するため、当該作業に従事する労働者に保護帽を着用させなければならない。

2 前項の作業に従事する労働者は、同項の保護帽を着用しなければならない。

| 解説 |

・第１項は、物体が飛来し、又は落下して本項に掲げる作業に従事する労働者に危害を及ぼすおそれがない場合には適用しない趣旨であること。

（昭和43年1月13日安発第2号）

第10章　通路、足場等

第1節　通路等

（はしご道）
第556条　事業者は、はしご道については、次に定めるところに適合したものでなければ使用してはならない。
1. 丈夫な構造とすること。
2. 踏さんを等間隔に設けること。
3. 踏さんと壁との間に適当な間隔を保たせること。
4. はしごの転位防止のための措置を講ずること。
5. はしごの上端を床から60センチメートル以上突出させること。
6. 坑内はしご道でその長さが10メートル以上のものは、5メートル以内ごとに踏だなを設けること。
7. 坑内はしご道のこう配は、80度以内とすること。
2　前項第5号から第7号までの規定は、潜函内等のはしご道については、適用しない。

第2節　足　場

（鋼管足場）
第570条　事業者は、鋼管足場については、次に定めるところに適合したものでなければ使用してはならない。
1. 足場（脚輪を取り付けた移動式足場を除く。）の脚部には、足場の滑動又は沈下を防止するため、ベース金具を用い、かつ、敷板、敷角等を用い、根がらみを設ける等の措置を講ずること。[※1]
2. 脚輪を取り付けた移動式足場にあつては、不意に移動することを防止するため、ブレーキ、歯止め等で脚輪を確実に固定させ、足場の一部を堅固な建設物に固定させる等の措置を講ずること。[※2]
3. 鋼管の接続部又は交差部は、これに適合した附属金具を用いて、確実に接続し、又は緊結すること。

4. 筋かいで補強すること。
5. 一側足場、本足場又は張出し足場であるものにあつては、次に定めるところにより、壁つなぎ又は控えを設けること。
   イ　間隔は、次の表の左欄に掲げる鋼管足場の種類に応じ、それぞれ同表の右欄に掲げる値以下とすること。

鋼管足場の種類	間隔（単位メートル）	
	垂直方向	水平方向
単管足場	5	5.5
わく組足場（高さが5メートル未満のものを除く。）	9	8

   ロ　鋼管、丸太等の材料を用いて、堅固なものとすること。
   ハ　引張材と圧縮材とで構成されているものであるときは、引張材と圧縮材との間隔は、1メートル以内とすること。
6. 架空電路[※3、4]に近接して足場を設けるときは、架空電路を移設し、架空電路に絶縁用防護具[※5]を装着する等架空電路との接触を防止[※6]するための措置を講ずること。
2　前条第3項の規定は、前項第5号の規定の適用について、準用する。この場合において、前条第3項中「第1項第6号」とあるのは、「第570条第1項第5号」と読み替えるものとする。

解説

※1　「敷板、敷角等」とは、数本の建地又はわく組の脚部にわたり、ベース金具と地盤等との間に敷く長い板、角材等をいい、根がらみと皿板との効果を兼ねたものをいうものであること。
※2　「脚輪を取り付けた移動式足場」とは、単管足場又はわく組足場の脚部に車を取り付けたもので、工事の終了後は解体するものをいうものであること。
・第6号は、足場と電路とが接触して、足場に電流が通ずることを防止することとしたものであって、足場上の労働者が架空電路に接触することによる感電防止の措置については、第349条の規定によるものであること。
※3　「架空電路」とは、送電線、配電線等空中に架設された電線のみでなく、これら

に接続している変圧器、しゃ断器等の電気機器類の露出充電部をも含めたものをいうものであること。
※4　「架空電路に近接する」とは、電路と足場との距離が上下左右いずれの方向においても、電路の電圧に対して、それぞれ次表の離隔距離以内にある場合をいうものであること。従って、同号の「電路を移設」とは、この離隔距離以上に離すことをいうものであること。

電路の電圧	離隔距離
特別高圧	2m。ただし、60,000V以上は10,000V又はその端数を増すごとに20cm増し。
高　　圧	1.2m
低　　圧	1m

・送電を中止している架空電路、絶縁の完全な電線若しくは電気機器又は電圧の低い電路は、接触通電のおそれが少ないものであるが、万一の場合を考慮して接触防止の措置を講ずるよう指導すること。

（昭和34年2月18日基発第101号）

※5　「絶縁用防護具」とは、第349条に規定

するものと同じものであること。

※6　「装着する等」の「等」には、架空電路と鋼管との接触を防止するための囲いを設けることのほか、足場側に防護壁を設けること等が含まれるものであること。

（昭和44年2月5日基発第59号）

第3編　衛生基準

第4章　採光及び照明

（照度）

第604条　事業者は、労働者を常時就業させる場所の作業面の照度を、次の表の左欄に掲げる作業の区分に応じて、同表の右欄に掲げる基準に適合させなければならない。ただし、感光材料を取り扱う作業場、坑内の作業場その他特殊な作業を行なう作業場については、この限りでない。

作業の区分	基準
精密な作業	300ルクス以上
普通の作業	150ルクス以上
粗な作業	70ルクス以上

（採光及び照明）

第605条　事業者は、採光及び照明については、明暗の対照が著しくなく、かつ、まぶしさを生じさせない方法によらなければならない。

2　事業者は、労働者を常時就業させる場所の照明設備について、6月以内ごとに1回、定期に、点検しなければならない。

第4編　特別規制

第1章　特定元方事業者等に関する特別規制

（法第29条の2の厚生労働省令で定める場所）

第634条の2　法第29条の2の厚生労働省令で定める場所は、次のとおりとする。

1.～2.略

3.架空電線の充電電路に近接する場所であつて、当該充電電路に労働者の身体等が接触し、又は接近することにより感電の危険が生ずるおそれのあるもの（関係請負人の労働者により工作物の建設、解体、点検、修理、塗装等の作業若しくはこれらに附帯する作業又はくい打機、くい抜機、移動式クレーン等を使用する作業が行われる場所に限る。）

4.略

（交流アーク溶接機についての措置）

第648条　注文者は、法第31条第1項の場合において、請負人の労働者に交流アーク溶接機（自動溶接機を除く。）を使用させるときは、当該交流アーク溶接機に、法第42条の規定に基づき厚生労働大臣が定める規格に適合する交流アーク溶接機用自動電撃防止装置を備えなければならない。ただし、次の場所以外の場所において使用させるときは、この限りでない。

1.船舶の二重底又はピークタンクの内部その他導電体に囲まれた著しく狭あいな場所

2.墜落により労働者に危険を及ぼすおそれのある高さが2メートル以上の場所で、鉄骨等導電性の高い接地物に労働者が接触するおそれのあるところ

（電動機械器具についての措置）

第649条　注文者は、法第31条第1項の場合において、請負人の労働者に電動機を有する機械又は器具（以下この条において「電動機械器具」という。）で、対地電圧が150ボルトをこえる移動式若しくは可搬式のもの又は水等導電性の高い液体によつて湿潤している場所

その他鉄板上、鉄骨上、定盤上等導電性の高い場所において使用する移動式若しくは可搬式のものを使用させるときは、当該電動機械器具が接続される電路に、当該電路の定格に適合し、感度が良好であり、かつ、確実に作動する感電防止用漏電しや断装置を接続しなければならない。

2　前項の注文者は、同項に規定する措置を講ずることが困難なときは、電動機械器具の金属製外わく、電動機の金属製外被等の金属部分を、第333条第2項各号に定めるところにより接地できるものとしなければならない。

4 安全衛生特別教育規程（抄）

昭和47年９月30日　労働省告示第92号

最終改正　令和５年３月28日　厚生労働省告示第104号

（電気取扱業務に係る特別教育）

第６条　安衛則第36条第４号に掲げる業務のうち、低圧の充電電路の敷設若しくは修理の業務又は配電盤室、変電室等区画された場所に設置する低圧の電路のうち充電部分が露出している開閉器の操作の業務に係る特別教育は、学科教育及び実技教育により行なうものとする。

２　前項の学科教育は、次の表の左欄に掲げる科目に応じ、それぞれ、同表の中欄に掲げる範囲について同表の右欄に掲げる時間以上行なうものとする。

科　目	範　囲	時　間
低圧の電気に関する基礎知識	低圧の電気の危険性　短絡　漏電　接地　電気絶縁	１時間
低圧の電気設備に関する基礎知識	配電設備　変電設備　配線　電気使用設備　保守及び点検	２時間
低圧用の安全作業用具に関する基礎知識	絶縁用保護具　絶縁用防具　活線作業用器具　検電器　その他の安全作業用具　管理	１時間
低圧の活線作業及び活線近接作業の方法	充電電路の防護　作業者の絶縁保護　停電電路に対する措置　作業管理　救急処置　災害防止	２時間
関係法令	法、令及び安衛則中の関係条項	１時間

３　第１項の実技教育は、低圧の活線作業及び活線近接作業の方法について、７時間以上（開閉器の操作の業務のみを行なう者については、１時間以上）行なうものとする。

第2章

その他関係指針・規格等

1　交流アーク溶接機用自動電撃防止装置構造規格

昭和47年12月4日　労働省告示第143号
最終改正　平成23年3月25日　厚生労働省告示第74号

　労働安全衛生法（昭和47年法律第57号）第42条の規定に基づき、交流アーク溶接機用自動電撃防止装置構造規格を次のように定め、昭和48年1月1日から適用する。

　自動電撃防止装置構造規格（昭和36年労働省告示第32号）は、廃止する。

第1章　定　格

（定格周波数）
第1条　交流アーク溶接機用自動電撃防止装置（以下「装置」という。）の定格周波数は、50ヘルツ又は60ヘルツでなければならない。ただし、広範囲の周波数を定格周波数とする装置については、この限りでない。

（定格入力電圧）
第2条　装置の定格入力電圧は、次の表の左欄に掲げる装置の区分に従い、同表の右欄に定めるものでなければならない。

装　置　の　区　分		定格電源電圧
入力電源を交流アーク溶接機の入力側からとる装置	定格周波数が50ヘルツのもの	100ボルト又は200ボルト
	定格周波数が60ヘルツのもの	100ボルト、200ボルト又は220ボルト
入力電源を交流アーク溶接機の出力側からとる装置	出力側の定格電流が400アンペア以下である交流アーク溶接機に接続するもの	上限値が85ボルト以下で、かつ、下限値が60ボルト以上
	出力側の定格電流が400アンペアを超え、500アンペア以下である交流アーク溶接機に接続するもの	上限値が95ボルト以下で、かつ、下限値が70ボルト以上

（定格電流）

第3条　装置の定格電流は、主接点を交流アーク溶接機の入力側に接続する装置にあつては当該交流アーク溶接機の定格出力時の入力側の電流以上、主接点を交流アーク溶接機の出力側に接続する装置にあつては当該交流アーク溶接機の定格出力電流以上でなければならない。

（定格使用率）

第4条　装置の定格使用率（定格周波数及び定格入力電圧において定格電流を断続負荷した場合の負荷時間の合計と当該断続負荷に要した全時間との比の百分率をいう。以下同じ。）は、当該装置に係る交流アーク溶接機の定格使用率以上でなければならない。

第2章　構　造

（構　造）

第5条　装置の構造は、次の各号に定めるところに適合するものでなければならない。

1.　労働者が安全電圧（装置を作動させ、交流アーク溶接機のアークの発生を停止させ、装置の主接点が開路された場合における溶接棒と被溶接物との間の電圧をいう。以下同じ。）の遅動時間（装置を作動させ、交流アーク溶接機のアークの発生を停止させた時から主接点が開路される時までの時間をいう。以下同じ。）及び始動感度（交流アーク溶接機を始動させることができる装置の出力回路の抵抗の最大値をいう。以下同じ。）を容易に変更できないものであること。

2.　装置の接点、端子、電磁石、可動鉄片、継電器その他の主要構造部分のボルト又は小ねじは、止めナット、ばね座金、舌付座金又は割ピンを用いる等の方法によりゆるみ止めをしたものであること。

3.　外箱より露出している充電部分には絶縁覆（おお）いが設けられているものであること。

4.　次のイからへまでに定めるところに適合する外箱を備えているものであること。ただし、内蔵形の装置（交流アーク溶接機の外箱内に組み込んで使用する装置をいう。以下同じ。）であつて、当該装置を組み込んだ交流アーク溶接機が次のイからホまでに定めるところに適合する外箱を備えているものにあつては、この限りでない。

イ　丈夫な構造のものであること。

ロ　水又は粉じんの浸入により装置の機能に障害が生ずるおそれのないものであること。

ハ　外部から装置の作動状態を判別することができる点検用スイッチ及び表示灯を有するものであること。

ニ　衝撃等により容易に開かない構造のふたを有するものであること。

ホ　金属性のものにあつては、接地端子を有するものであること。

へ　外付け形の装置（交流アーク溶接機に外付けして使用する装置をいう。以下同じ。）に用いられるものにあつては、容易に取り付けることができる構造のものであり、かつ、取付方向に指定がある物にあつては、取付方向が表示されているものであること。

（口出線）

第6条　外付け形の装置と交流アーク溶接機を接続するための口出線は、次の各号に定めるところに適合するものでなければならない。

1.　十分な強度、耐久性及び絶縁性能を有するものであること。

2.　交換可能なものであること。

3.　接続端子に外部からの張力が直接かかりにくい構造のものであること。

（強制冷却機能の異常による危険防止装置）

第7条　強制冷却の機能を有する装置は、当該機能の異常による危険を防止する装置が講じられているものでなければならない。

（保護用接点）

第8条　主接点に半導体素子を用いた装置は、保護用接点（主接点の短絡による故障が生じた場合に交流アーク溶接機の主回路を開放する接点をいう。以下同じ。）を有するものでなければならない。

（コンデンサー開閉用接点）

第9条　コンデンサーを有する交流アーク溶接機に使用する装置であつて、当該コンデンサーによつて誤作動し、又は主接点に支障を及ぼす電流が流れるおそれのあるものは、コンデンサー開閉用接点を有するものでなければならない。

第3章　性　能

（入力電圧の変動）

第10条　装置は、定格入力電圧の85パーセントから110パーセントまで（入力電源を交流アーク溶接機の出力側からとる装置にあつては、定格入力電圧の下限値の85パーセントから定格入力電圧の上限値の110パーセントまで）の範囲で有効に作動するものでなければならない。

（周囲温度）

第11条　装置は、周囲の温度が40度から零下10度までの範囲で有効に作動するものでなければならない。

（安全電圧）

第12条　装置の安全電圧は、30ボルト以下でなければならない。

（遅動時間）

第13条　装置の遅動時間は、1.5秒以内でなければならない。

（始動感度）

第13条の2　装置の始動感度は、260オーム以下でなければならない。

（耐衝撃性）

第14条　装置は、衝撃についての試験において、その機能に障害を及ぼす変形又は破損を生じないものでなければならない。

2　前項の衝撃についての試験は、装置に通電しない状態で、外付け形の装置にあつては装置単体で突起物のない面を下にして高さ30センチメートルの位置から、内蔵形の装置にあつては交流アーク溶接機に組み込んだ状態での質量が25キログラム以下のものは高さ25センチメートル、25キログラムを超えるものは高さ10センチメートルの位置から、コンクリート上又は鋼板上に3回落下させて行うものとする。

（絶縁抵抗）

第15条　装置は、絶縁抵抗についての試験において、その値が2メガオーム以上でなければならない。

2　前項の絶縁抵抗についての試験は、装置の各充電部分と外箱（内蔵形の装置にあつては、交流アーク溶接機の外箱。次条第2項において同

じ。）との間の絶縁抵抗を500ボルト絶縁抵抗計により測定するものとする。

（耐電圧）

第16条　装置は、耐電圧についての試験において、試験電圧に対して1分間耐える性能を有するものでなければならない。

2　前項の耐電圧についての試験は、装置の各充電部分と外箱との間（入力電源を交流アーク溶接機の入力側からとる装置にあつては、当該装置の各充電部分と外箱との間及び当該装置の入力側と出力側との間。次項において同じ。）に定格周波数の正弦波に近い波形の試験電圧を加えて行うものとする。

3　前2項の試験電圧は、定格入力電圧において装置の各充電部分と外箱との間に加わる電圧の実効値の2倍の電圧に1000ボルトを加えて得た電圧（当該加えて得た電圧が1500ボルトに満たない場合にあつては、1500ボルトの電圧）とする。

（温度上昇限度）

第17条　装置の接点（半導体素子を用いたものを除く。以下この項において同じ。）及び巻線の温度上昇限度は、温度についての試験において、次の表の左欄に掲げる装置の部分に応じ、それぞれ同表の右欄に掲げる値以下でなければならない。

装置の部分		温度上昇限度の値（単位　度）	
		温度計法による場合	抵抗法による場合
接点	銅又は銅合金によるもの	45	―
	銀又は銀合金によるもの	75	―
巻線	A種絶縁によるもの	65	85
	E種絶縁によるもの	80	100
	B種絶縁によるもの	90	110
	F種絶縁によるもの	115	135
	H種絶縁によるもの	140	160

2　半導体素子を用いた装置の接点の温度上昇限度は、温度についての試験において、当該半導体素子の最高許容温度（当該半導体素子の機能に障害が生じないものとして定められた温度の上限値をいう。）以下で

なければならない。

3　前2項の温度についての試験は、外付け形の装置にあつては装置を交流アーク溶接機に取り付けた状態と同一の状態で、内蔵形の装置にあつては装置を組み込んだ交流アーク溶接機にも通電した状態で、当該装置の定格周波数及び定格入力電圧において、接点及び巻線の温度が一定となるまで、10分間を周期として、定格使用率に応じて定格電流を継続負荷して行うものとする。ただし、接点の温度についての試験については、定格入力電圧より低い電圧において、又は接点を閉路した状態で行うことができる。

（接点の作動性）

第18条　装置の接点（保護用接点を除く。以下この条において同じ。）は、装置を交流アーク溶接機に取り付け、又は組み込んで行う作動についての試験において、溶着その他の損傷又は異常な作動を生じないものでなければならない。

2　前項の作動についての試験は、装置の定格周波数及び定格入力電圧において、装置を取り付け、又は組み込んだ交流アーク溶接機の出力電流を定格出力電流の値の110パーセント（当該交流アーク溶接機の出力電流の最大値が定格出力電流の値の110パーセント未満である場合にあつては、当該最大値）になるように調整し、かつ、6秒間を周期として当該交流アーク溶接機に断続負荷し、装置を2万回作動させて行うものとする。

第19条　保護用接点は、装置を交流アーク溶接機に取り付け、又は組み込んで行う作動についての試験において、1.5秒以内に作動し、かつ、異常な作動を生じないものでなければならない。

2　前項の作動についての試験は、第17条第2項の温度についての試験を行つた後速やかに、装置の定格周波数において、定格入力電圧、定格入力電圧の85パーセントの電圧及び定格入力電圧の110パーセントの電圧（以下この項において「定格入力電圧等」という。）を加えた後主接点を短絡させる方法及び主接点を短絡させた後定格入力電圧等を加える方法により、装置をそれぞれ10回ずつ作動させて行うものとする。

第4章　雑　則

（表　示）

第20条　装置は、その外箱（内蔵形の装置にあつては、装置を組み込んだ交流アーク溶接機の外箱）に、次に掲げる事項が表示されているもの

でなければならない。

1　製造者名
2　製造年月
3　定格周波数
4　定格入力電圧
5　定格電流
6　定格使用率
7　安全電圧
8　標準始動感度（定格入力電圧における始動感度をいう。）
9　外付け形の装置にあつては、次に掲げる事項
　イ　装置を取り付けることができる交流アーク溶接機に係る次に掲げる事項
　　(1)　定格入力電圧
　　(2)　出力側無負荷電圧（交流アーク溶接機のアークの発生を停止させた場合における溶接棒と被溶接物との間の電圧をいう。）の範囲
　　(3)　主接点を交流アーク溶接機の入力側に接続する装置にあつては、定格出力時の入力側の電流、主接点を交流アーク溶接機の出力側に接続する装置にあつては定格出力電流
　ロ　コンデンサーを有する交流アーク溶接機に取り付けることができる装置にあつては、その旨
　ハ　ロに掲げる装置のうち、主接点を交流アーク溶接機の入力側に接続する装置にあつては、当該交流アーク溶接機のコンデンサーの容量の範囲及びコンデンサー回路の電圧

（特殊な装置等）

第21条　特殊な構造の装置で、厚生労働省労働基準局長が第1条から第19条までの規定に適合するものと同等以上の性能があると認めたものについては、この告示の関係規定は、適用しない。

2 感電防止用漏電しゃ断装置の接続及び使用の安全基準に関する技術上の指針

昭和49年7月4日　技術上の指針公示第3号

労働安全衛生法（昭和47年法律第57号）第28条第1項の規定に基づき、感電防止用漏電しゃ断装置の接続及び使用の安全基準に関する技術上の指針を次のとおり公表する。

1　総則

1－1　趣旨

　この指針は、移動式又は可搬式の電動機械器具（電動機を有する機械又は器具をいう。以下同じ。）が接続される電路（商用周波数の交流であって対地電圧300V以下の電路に限る。以下同じ。）に接続する電流動作形の感電防止用漏電しゃ断装置（以下「しゃ断装置」という。）の適正な接続及び使用を図るため、これらに関する留意事項について規定したものである。

1－2　定義

　この指針において、次の各号に掲げる用語の意義は、当該各号に定めるところによる。

(1) しゃ断装置　漏電検出機構部分及びしゃ断機構、引外し機構等の部分からなり、かつ、これらの部分を同一ケース内に収める装置で、漏電により電動機械器具の金属性外わく、金属性外被等の金属部分に生ずる地絡電流が一定の値に達したときに、一定の作動時間内にその電動機械器具の電路をしゃ断するものをいう。

(2) 定格電流　連続してしゃ断装置の主回路に通電するときの許容電流の値をいう。

(3) 定格感度電流　－10℃以上50℃以下の温度において電圧の変動の範囲を定格電圧の85％から110％までとした場合にしゃ断装置が完全に作動するときの零相変流器の一次側検出地絡電流の値をいう。

(4) 定格不動作電流　－10℃以上50℃以下の温度において電圧の変動の範囲を定格電圧の85％から110％までとした場合にしゃ断装置が全く作動しないときの零相変流器の一次側検出地絡電流の値をいう。

(5) 絶縁抵抗　500Vの絶縁抵抗計を用いて、しゃ断装置の充電部とケースとの間及び各端子間の絶縁抵抗を測定したときの値をいう。

2　しゃ断装置の接続

2－1　接続の作業を行う者

　　しゃ断装置の電路への接続の作業は、電気取扱者等（労働安全衛生規則（昭和47年労働省令第32号）第36条第4号の業務に係る特別の教育を受けた者その他これと同等以上の電気に関する知識を有する者をいう。以下同じ。）に行わせること。

2-2　電路の電圧

　　しゃ断装置を接続しようとする電路の電圧は、その変動の範囲がしゃ断装置の定格電圧の85％から110％までとすること。

2-3　電路への接続

　　しゃ断装置の電源側端子及び負荷側端子の電路への接続は、誤りなく行うこと。

2-4　電動機械器具の接地

　　しゃ断装置を接続した場合であっても、電動機械器具の金属性外わく、金属性外被等の金属部分は、接地すること。

2-5　共同の接地線を使用する電動機械器具への接続

　　共同の接地線を使用する複数の電動機械器具には、漏電が波及することを防止するため、それぞれの電動機械器具ごとにしゃ断装置を接続すること。

2-6　接続後の作動の確認

　　接続後、直ちに試験用押しボタンを押してしゃ断装置が確実に作動することを確認すること。

3　しゃ断装置の使用

3-1　しゃ断装置の極数等

　　しゃ断装置は、次の表の左欄に掲げる電路の電気方式に応じ、それぞれ同表の右欄に掲げる極数を有し、かつ、当該電路の電圧、電流及び周波数に適合したものを使用すること。

電路の電気方式	しゃ断装置の極数
三相4線式	4極又は4・1極
三相3線式	3極又は3・1極
単相3線式	中性極を表示した3極又は3・1極
単相2線式	2極又は2・1極

備考　この表において、4・1極、3・1極又は2・1極とは負荷電流を通ずる極の数が4極、3極又は2極で、かつ、専用の接地極を有することを示すものであること。

3-2 しゃ断装置の性能

3-2-1 定格感度電流

しゃ断装置は、これが接続される可搬式又は移動式の電動機械器具の別に応じ、定格感度電流が30mA以下の適正な値のものを使用すること。

3-2-2 定格感度電流と定格不動作電流との差

しゃ断装置は、定格不動作電流が定格感度電流の50％以上で、かつ、これらの差ができるだけ小さいものを使用すること。

3-2-3 作動時間

しゃ断装置は、作動時間が0.1秒以下のできるだけ短い時間のものを使用すること。

3-2-4 絶縁抵抗

しゃ断装置は、その絶縁抵抗が5MΩ以上のものを使用すること。

3-3 しゃ断機能の協調

しゃ断装置（地絡保護、過負荷保護及び短絡保護兼用のしゃ断装置を除く。）を使用し、かつ、当該しゃ断装置に併せて、過負荷保護装置又は短絡保護装置を取り付ける場合には、これらの装置としゃ断装置とのしゃ断機能の協調を図ること。

3-4 使用場所

(1) しゃ断装置は、次に掲げる場所において使用すること。ただし、特殊な保護構造を有するしゃ断装置は、これらの場所以外の場所においても使用することができること。

 イ　周囲温度が-10℃以上50℃以下である場所
 ロ　湿度が90％を超えない場所
 ハ　じんあいが著しくない場所
 ニ　著しく雨露等にさらされることがない場所
 ホ　衝撃又は振動の加わるおそれのない場所

(2) 屋外において継続的に使用するしゃ断装置は、屋外用のものとすること。ただし、屋外用分電盤内に取り付けて使用するものは、この限りでないこと。

3-5 しゃ断装置の作動の確認

次の場合には、試験用押しボタンを押してしゃ断装置が確実に作動することを確認すること。

 (1) 電動機械器具のその日の使用を開始しようとする場合
 (2) しゃ断装置が作動した後、再投入しようとする場合
 (3) しゃ断装置が接続されている電路に短絡事故が発生した場合

3－6　しゃ断装置が作動した場合の処置

(1) しゃ断装置が作動した場合には、電気取扱者等にその作動原因を調べさせること。

(2) 前（1）の作動原因が、接続している電動機械器具又はしゃ断装置の故障によるものである場合には、これらを修復した後でなければ、しゃ断装置を再投入してはならないこと。

3－7　しゃ断装置の目的外使用の禁止

しゃ断装置を電動機械器具の開閉用スイッチの代わりとして使用しないこと。

4　定期の検査及び測定

4－1　定期の検査

(1) しゃ断装置については、定期に、次に掲げる事項について検査を行い、その結果を記録すること。

イ　しゃ断装置の定格が、接続している電動機械器具の定格に適合していること。

ロ　端子の電路への接続が確実になされていること。

ハ　電動機械器具の金属性外わく、金属製外被等の金属部分に接地がなされていること。

ニ　通電中のしゃ断装置が異常な音を発していないこと。

ホ　ケースの一部が破損し、又は開閉不能になっていないこと。

(2) 前(1)の検査は、電気取扱者等に行わせること。

(3) 前(1)の検査の実施時期は、しゃ断装置の使用ひん度、設置場所その他使用条件を考慮して決定すること。

4－2　定期の測定

(1) しゃ断装置については、定期に、次の表の左欄に掲げる事項について、それぞれ同表の右欄に掲げる方法により測定を行うこと。

(2) 測定を行う者及び測定の実施時期については、4－1(2)及び(3)と同様とすること。

事　項	方　　法
定格感度電流	しゃ断装置用テスターを用い、又は次の図に示す方法により測定すること。 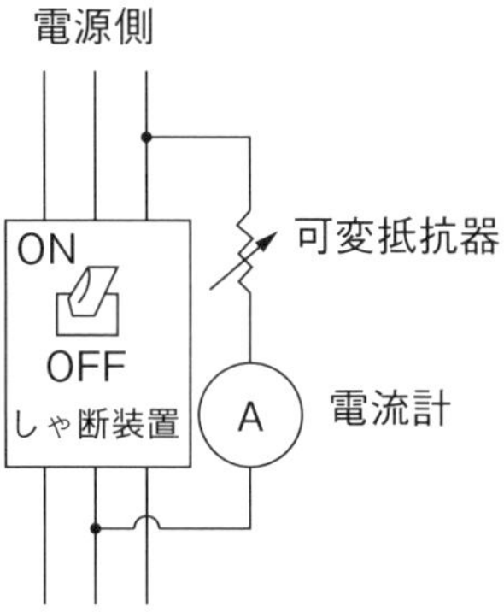 電源側 ON OFF しゃ断装置 可変抵抗器 Ａ　電流計 備考　測定に当たっては、可変抵抗器の抵抗を徐々に減少させて、しゃ断装置が作動したときの電流値を測定すること。
作　動　時　間	しゃ断装置用テスターを用い、又は第1図及び第2図に示す方法により測定すること。 第1図 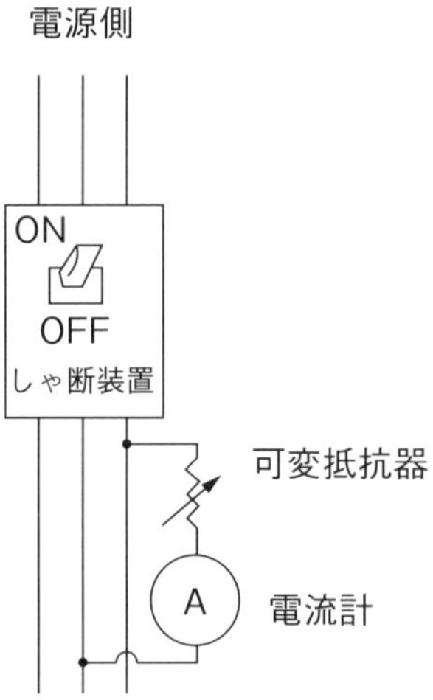 電源側 ON OFF しゃ断装置 可変抵抗器 Ａ　電流計 第2図 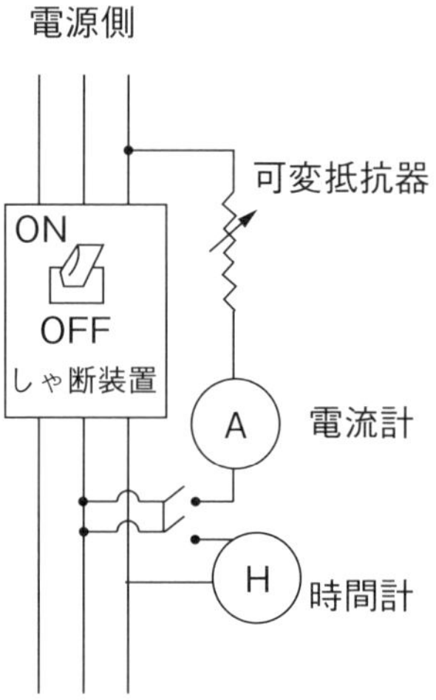 電源側 ON OFF しゃ断装置 可変抵抗器 Ａ　電流計 Ｈ　時間計 備考　測定に当たっては、第1図に示す位置で、かつ、電流計の指示値がしゃ断装置の定格感度電流になるよう可変抵抗器を設定した後、第2図に示すとおり接続を行い、スイッチ（SW）を投入して時間計（H）の指示値を測定すること。
絶　縁　抵　抗	500Vの絶縁抵抗計を用い、各外部電線接続端子間及び外部電線接続端子と非充電金属部分（金属ケースを有するものにあってはその接地端子、それ以外のものにあってはしゃ断装置を取り付ける金属板とする）との間の絶縁抵抗を測定すること。

3　絶縁用保護具等の規格

昭和47年12月4日　労働省告示第144号

最終改正　昭和50年3月29日　労働省告示第33号

　労働安全衛生法（昭和47年法律第57号）第42条の規定に基づき、絶縁用保護具等の規格を次のように定め、昭和48年1月1日から適用する。

　絶縁用保護具等の性能に関する規程（昭和36年労働省告示第8号）は、廃止する。

（絶縁用保護具の構造）

第1条　絶縁用保護具は、着用したときに容易にずれ、又は脱落しない構造のものでなければならない。

（絶縁用保護具の強度等）

第2条　絶縁用保護具は、使用の目的に適合した強度を有し、かつ、品質が均一で、傷、気ほう、巣その他の欠陥のないものでなければならない。

（絶縁用保護具の耐電圧性能等）

第3条　絶縁用保護具は、常温において試験交流（50ヘルツ又は60ヘルツの周波数の交流で、その波高率が1.34から1.48までのものをいう。以下同じ。）による耐電圧試験を行つたときに、次の表の左欄に掲げる種別に応じ、それぞれ同表の右欄に掲げる電圧に対して1分間耐える性能を有するものでなければならない。

絶縁用保護具の種別	電圧（単位　ボルト）
交流の電圧が300ボルトを超え600ボルト以下である電路について用いるもの	3,000
交流の電圧が600ボルトを超え3,500ボルト以下である電路又は直流の電圧が750ボルトを超え、3,500ボルト以下である電路について用いるもの	12,000
電圧が3,500ボルトを超え7,000ボルト以下である電路について用いるもの	20,000

2　前項の耐電圧試験は、次の各号のいずれかに掲げる方法により行うものとする。

　1.　当該試験を行おうとする絶縁用保護具（以下この条において「試験

物」という。）を、コロナ放電又は沿面放電により試験物に破損が生じない限度まで水槽（そう）に浸し、試験物の内外の水位が同一となるようにし、その内外の水中に電極を設け、当該電極に試験交流の電圧を加える方法

2. 表面が平滑な金属板の上に試験物を置き、その上に金属板、水を十分に浸潤させた綿布等導電性の物をコロナ放電又は沿面放電により試験物に損傷が生じない限度に置き、試験物の下部の金属板及び上部の導電性の物を電極として試験交流の電圧を加える方法

3. 試験物と同一の形状の電極、水を十分に浸潤させた綿布等導電性の物を、コロナ放電又は沿面放電により試験物に損傷が生じない限度に試験物の内面及び外面に接触させ、内面に接触させた導電性の物と外面に接触させた導電性の物とを電極として試験交流の電圧を加える方法

（絶縁用防具の構造）

第4条 絶縁用防具の構造は、次の各号に定めるところに適合するものでなければならない。

1. 防護部分に露出箇所が生じないものであること。

2. 防護部分からずれ、又は離脱しないものであること。

3. 相互に連結して使用するものにあつては、容易に連結することができ、かつ、振動、衝撃等により連結部分から容易にずれ、又は離脱しないものであること。

（絶縁用防具の強度等及び耐電圧性能等）

第5条 第2条及び第3条の規定は、絶縁用防具について準用する。

（活線作業用装置の絶縁かご等）

第6条 活線作業用装置に用いられる絶縁かご及び絶縁台は、次の各号に定めるところに適合するものでなければならない。

1. 最大積載荷重をかけた場合において、安定した構造を有するものであること。

2. 高さが2メートル以上の箇所で用いられるものにあつては、囲い、手すりその他の墜落による労働者の危険を防止するための設備を有するものであること。

（活線作業用装置の耐電圧性能等）

第7条 活線作業用装置は、常温において試験交流による耐電圧試験を行なつたときに、当該装置の使用の対象となる電路の電圧の2倍に相当する試験交流の電圧に対して5分間耐える性能を有するものでなければならない。

2　前項の耐電圧試験は、当該試験を行なおうとする活線作業用装置（以下この条において「試験物」という。）が活線作業用の保守車又は作業台である場合には活線作業に従事する者が乗る部分と大地との間を絶縁する絶縁物の両端に、試験物が活線作業用のはしごである場合にはその両端の踏さんに、金属箔（はく）その他導電性の物を密着させ、当該導電性の物を電極とし、当該電極に試験交流の電圧を加える方法により行なうものとする。

3　第1項の活線作業用装置のうち、特別高圧の電路について使用する活線作業用の保守車又は作業台については、同項に規定するもののほか、次の式により計算したその漏えい電流の実効値が0.5ミリアンペアをこえないものでなければならない。

$$I = 50 \cdot \frac{Ix}{Fx}$$

この式において、I、Ix 及び Fx は、それぞれ第1項の試験交流の電圧に至つた場合における次の数値を表わすものとする。

I　計算した漏えい電流の実効値（単位　ミリアンペア）

Ix　実測した漏えい電流の実効値（単位　ミリアンペア）

Fx　試験交流の周波数（単位　ヘルツ）

（活線作業用器具の絶縁棒）

第8条　活線作業用器具は、次の各号に定めるところに適合する絶縁棒（絶縁材料で作られた棒状の部分をいう。）を有するものでなければならない。

1.　使用の目的に適応した強度を有するものであること。

2.　品質が均一的で、傷、気ほう、ひび、割れその他の欠陥がないものであること。

3.　容易に変質し、又は耐電圧性能が低下しないものであること。

4.　握り部（活線作業に従事する者が作業の際に手でつかむ部分をいう。以下同じ。）と握り部以外の部分との区分が明らかであるものであること。

（活線作業用器具の耐電圧性能等）

第9条　活線作業用器具は、常温において試験交流による耐電圧試験を行つたときに、当該器具の頭部の金物と握り部のうち頭部寄りの部分との間の絶縁部分が、当該器具の使用の対象となる電路の電圧の2倍に相当する試験交流の電圧に対して5分間（活線作業用器具のうち、不良がいし検出器その他電路の支持物の絶縁状態を点検するための器具については、1分間）耐える性能を有するものでなければならない。

2　前項の耐電圧試験は、当該試験を行おうとする活線作業用器具につい

て、握り部のうち頭部寄りの部分に金属箔（はく）その他の導電性の物を密着させ、当該導電性の物と頭部の金物とを電極として試験交流の電圧を加える方法により行うものとする。

（表　示）

第10条　絶縁用保護具、絶縁用防具、活線作業用装置及び活線作業用器具は、見やすい箇所に、次の事項が表示されているものでなければならない。

1.　製造者名
2.　製造年月
3.　使用の対象となる電路の電圧

4　絶縁用防護具の規格

昭和47年12月4日　労働省告示第145号

労働安全衛生法（昭和47年法律第57号）第42条の規定に基づき、絶縁用防護具の規格を次のように定め、昭和48年1月1日から適用する。

絶縁用防護具に関する規程（昭和44年労働省告示第15号）は、廃止する。

（構　造）
第1条　絶縁用防護具の材質は、次に定めるとところに適合するものでなければならない。
1.装着したときに、防護部分に露出箇所が生じないものであること。
2.防護部分から移動し、又は離脱しないものであること。
3.線カバー状のものにあつては、相互に容易に連結することができ、かつ、振動、衝撃等により連結部分から容易に離脱しないものであること。
4.がいしカバー状のものにあつては、線カバー状のものと容易に連結することができるものであること。

（材　質）
第2条　絶縁用防護具の材質は、次に定めるところに適合するものでなければならない。
1.厚さが2ミリメートル以上であること。
2.品質が均一であり、かつ、容易に変質し、又は燃焼しないものであること。

（耐電圧性能）
第3条　絶縁用防護具は、常温において試験交流（周波数が50ヘルツ又は60ヘルツの交流で、その波高率が1.34から1.48までのものをいう。以下同じ。）による耐電圧試験を行なつたときに、次の表の左欄に掲げる種別に応じ、それぞれ同表の右欄に掲げる電圧に対して1分間耐える性能を有するものでなければならない。

絶 縁 用 防 護 具 の 種 別	試験交流の電圧 （単位　ボルト）
低圧の電路について用いるもの	1,500
高圧の電路について用いるもの	15,000

第6編　関係法令

2　高圧の電路について用いる絶縁用防護具のうち線カバー状のものにあつては、前項に定めるもののほか、日本工業規格Ｃ 0920（電気機械器具及び配線材料の防水試験通則）に定める防雨形の散水試験の例により散水した直後の状態で、試験交流による耐電圧試験を行なつたときに、10,000ボルトの試験交流の電圧に対して、常温において１分間耐える性能を有するものでなければならない。

（耐電圧試験）

第４条　前条の耐電圧試験は、次に定める方法により行なうものとする。

1. 線カバー状又はがいしカバー状の絶縁用防護具にあつては、当該絶縁用防護具と同一の形状の電極、水を十分に浸潤させた綿布等導電性の物を、コロナ放電又は沿面放電が生じない限度に当該絶縁用防護具の内面及び外面に接触させ、内面及び外面に接触させた導電性の物を電極として試験交流の電圧を加える方法

2. シート状の絶縁用防護具にあつては、表面が平滑な金属板の上に当該絶縁用防護具を置き、当該絶縁用防護具に金属板、水を十分に浸潤させた綿布等導電性の物をコロナ放電又は沿面放電が生じない限度に重ね、当該絶縁用防護具の下部の金属板及び上部の導電性の物を電極として試験交流の電圧を加える方法

2　線カバー状の絶縁用防護具にあつては、前項第１号に定める方法による耐電圧試験は、管の全長にわたり行ない、かつ、管の連結部分については、管を連結した状態で行なうものとする。

（表　示）

第５条　絶縁用防護具は、見やすい箇所に、対象とする電路の使用電圧の種別を表示したものでなければならない。

5　墜落制止用器具の規格

（平成31年1月25日　厚生労働省告示第11号）

　労働安全衛生法（昭和47年法律第57号）第42条の規定に基づき、安全帯の規格（平成14年厚生労働省告示第38号）の全部を次のように改正する。

（定義）

第1条　この告示において、次の各号に掲げる用語の意義は、それぞれ当該各号に定めるところによる。

　一　フルハーネス　墜落を制止する際に墜落制止用器具を着用した者（以下「着用者」という。）の身体にかかる荷重を肩、腰部及び腿等において支持する構造の器具をいう。

　二　胴ベルト　身体の腰部に着用する帯状の器具をいう。

　三　ランヤード　フルハーネス又は胴ベルトと親綱その他の取付設備等（墜落制止用器具を安全に取り付けるための設備等をいう。以下この条及び次条第3項において同じ。）とを接続するためのロープ又はストラップ（以下「ランヤードのロープ等」という。）、コネクタ等（ショックアブソーバ又は巻取り器を接続する場合は、当該ショックアブソーバ又は巻取り器を含む。）からなる器具をいう。

　四　コネクタ　フルハーネス、胴ベルト、ランヤード又は取付設備等を相互に接続するための器具をいう。

　五　ショックアブソーバ　墜落を制止するときに生ずる衝撃を緩和するための器具をいう。

　六　巻取り器　ランヤードのロープ等を巻き取るための器具をいう。

　七　自由落下距離　労働者がフルハーネス又は胴ベルトを着用する場合における当該フルハーネス又は胴ベルトにランヤードを接続する部分の高さからコネクタの取付設備等の高さを減じたものにランヤードの長さを加えたものをいう。

　八　落下距離　墜落制止用器具が着用者の墜落を制止するときに生ずるランヤード及びフルハーネス又は胴ベルトの伸び等に自由落下距離を加えたものをいう。

（使用制限）

第2条　6.75メートルを超える高さの箇所で使用する墜落制止用器具は、フルハーネス型のものでなければならない。

　2　墜落制止用器具は、当該墜落制止用器具の着用者の体重及びその装備

品の質量の合計に耐えるものでなければならない。

3　ランヤードは、作業箇所の高さ及び取付設備等の状況に応じ、適切な
ものでなければならない。

（構造）

第3条　フルハーネス型の墜落制止用器具（以下「フルハーネス型墜落制
止用器具」という。）は、次に掲げる基準に適合するものでなければな
らない。

　一　墜落を制止するときに、着用者の身体にかかる荷重を肩、腰部及び
　　腿等においてフルハーネスにより適切に支持する構造であること。

　二　フルハーネスは、着用者に適切に適合させることができること。

　三　ランヤード（ショックアブソーバを含む。）を適切に接続したもの
　　であること。

　四　バックルは、適切に結合でき、接続部が容易に外れないものである
　　こと。

2　胴ベルト型の墜落制止用器具（以下「胴ベルト型墜落制止用器具」と
いう。）は、次に掲げる基準に適合するものでなければならない。

　一　墜落を制止するときに、着用者の身体にかかる荷重を胴部において
　　胴ベルトにより適切に支持する構造であること。

　二　胴ベルトは、着用者に適切に適合させることができること。

　三　ランヤードを適切に接続したものであること。

（部品の強度）

第4条　墜落制止用器具の部品は、次の表の左欄に掲げる区分に応じ、そ
れぞれ同表の右欄に定める強度を有するものでなければならない。

区　分	強　度
フルハーネス	日本産業規格 T8165（墜落制止用器具）に定める引張試験の方法又はこれと同等の方法によってトルソーの頭部方向に15.0キロニュートンの引張荷重を掛けた場合及びトルソーの足部方向に10.0キロニュートンの引張荷重を掛けた場合において、破断しないこと。
胴ベルト	日本産業規格 T8165（墜落制止用器具）に定める引張試験の方法又はこれと同等の方法によって15.0キロニュートンの引張荷重を掛けた場合において、破断しないこと。
ランヤードのロープ等	日本産業規格 T8165（墜落制止用器具）に定める引張試験の方法又はこれと同等の方法によって織ベルト又は繊維ロープについては22.0キロニュートン、ワイヤロープ又はチェーンについては15.0キロニュートンの

	引張荷重を掛けた場合において、破断しないこと。ただし、第8条第3項の表の第一種の項に定める基準を満たすショックアブソーバと組み合わせて使用する織ベルト又は繊維ロープについては、引張荷重を15.0キロニュートンとすることができる。
コネクタ	一　日本産業規格 T8165（墜落制止用器具）に定める引張試験の方法又はこれと同等の方法によって11.5キロニュートンの引張荷重を掛けた場合において、破断し、その機能を失う程度に変形し、又は外れ止め装置の機能を失わないこと。 二　日本産業規格 T8165（墜落制止用器具）に定める耐力試験の方法又はこれと同等の方法による試験を行った場合において、破断し、その機能を失う程度に変形し、又は外れ止め装置の機能を失わないこと。
ショックアブソーバ	日本産業規格 T8165（墜落制止用器具）に定める引張試験の方法又はこれと同等の方法によって15.0キロニュートンの引張荷重を掛けた場合において、破断等によりその機能を失わないこと。
巻取り器	一　日本産業規格 T8165（墜落制止用器具）に定める引張試験の方法又はこれと同等の方法によって11.5キロニュートンの引張荷重を掛けた場合において、破断しないこと。 二　ロック装置を有する巻取り器にあっては、日本産業規格 T8165（墜落制止用器具）に定める引張試験の方法又はこれと同等の方法によって6.0キロニュートンの引張荷重を掛けた場合において、ロック装置の機能を失わないこと。

（材料）

第5条　前条の表の左欄に掲げる墜落制止用器具の部品の材料は、当該部品が通常の使用状態において想定される機械的、熱的及び化学的作用を受けた場合において同表の右欄の強度を有するように選定されたものでなければならない。

（部品の形状等）

第6条　墜落制止用器具の部品は、次の表の左欄に掲げる区分に応じ、それぞれ同表の右欄に定める形状等のものでなければならない。

区　分	形状等
フルハーネス	一　墜落を制止するときに着用者の身体にかかる荷重を支持する主たる部分の幅が40ミリメートル以上であること。 二　前号の部分以外の部分の幅が20ミリメートル以上であること。 三　縫製及び形状が安全上適切なものであること。
胴ベルト	一　幅が50ミリメートル（補助ベルトと組み合わせる場合は、40ミリメートル）以上であること。 二　縫製及び形状が安全上適切なものであること。
補助ベルト	一　幅が75ミリメートル以上であること。 二　厚さが2ミリメートル以上であること。 三　縫製及び形状が安全上適切なものであること。
バックル	日本産業規格 T8165（墜落制止用器具）に定める振動試験の方法又はこれと同等の方法による試験を行った場合において、確実にベルトを保持することができること。
ランヤード	一　胴ベルト型墜落制止用器具に使用するランヤードは、長さが1,700ミリメートル以下であること。 二　フルハーネス型墜落制止用器具に使用するランヤードは、当該ランヤードを使用する場合の標準的な自由落下距離が、当該ランヤードに使用されるショックアブソーバに係る第八条第三項の表に定める基準を満たす自由落下距離のうち最大のものを上回らないものであること。 三　縫製及び形状が安全上適切なものであること。
コネクタ	一　適切な外れ止め装置を備えていること。 二　形状が安全上適切なものであること。

（部品の接続）

第7条　墜落制止用器具の部品は、的確に、かつ、容易に緩まないように接続できるものでなければならない。

2　接続部品は、これを用いて接続したために墜落を制止する機能に異常を生じないものでなければならない。

（耐衝撃性等）

第8条　フルハーネスは、トルソーを使用し、日本産業規格 T8165（墜落制止用器具）に定める落下試験の方法又はこれと同等の方法による試験を行った場合において、当該トルソーを保持できるものでなければならない。

2　前項の試験を行った場合に、トルソーの中心線とランヤードとのなす角度がトルソーの頸部を上方として45度を超えないものでなければならない。ただし、フルハーネスとランヤードのロープ等を接続するコネクタを身体の前面に備え付ける場合等は、50度を超えないものとすること

ができる。

3　ショックアブソーバは、重りを使用し、日本産業規格T8165（墜落制止用器具）に定める落下試験の方法又はこれと同等の方法による試験を行った場合において、衝撃荷重、ショックアブソーバの伸びが次の表に定める種別に応じた自由落下距離の区分に応じ、それぞれ同表に定める基準を満たさなければならない。

種　別	自由落下距離	基　準	
		衝　撃　荷　重	ショックアブソーバの伸び
第一種	1.8メートル	4.0キロニュートン以下	1.2メートル以下
第二種	4.0メートル	6.0キロニュートン以下	1.75メートル以下

4　巻取り器は、重りを使用し、日本産業規格T8165（墜落制止用器具）に定める落下試験の方法又はこれと同等の方法による試験を行った場合において、損傷等によりストラップを保持する機能を失わないものでなければならず、かつ、ロック装置を有するものにあっては、当該ロック装置の損傷等によりロック装置の機能を失わないものでなければならない。

5　胴ベルト型墜落制止用器具は、トルソー又は砂のうを使用し、日本産業規格T8165（墜落制止用器具）に定める落下試験の方法又はこれと同等の方法による試験を行った場合において、トルソー又は砂のうを保持することができるものであり、かつ、当該試験を行った場合にコネクタにかかる衝撃荷重が4.0キロニュートン以下のものでなければならない。

6　第1項及び前項のトルソー、第3項及び第4項の重り並びに前項の砂のうは、次に掲げる基準に適合するものでなければならない。

一　トルソーは、日本産業規格T8165（墜落制止用器具）に定める形状、寸法及び材質に適合するもの又はこれと同等と認められるものであること。

二　質量は、100キログラム又は85キログラムであること。ただし、特殊の用途に使用する墜落制止用器具にあっては、この限りではない。

（表示）

第9条　墜落制止用器具は、見やすい箇所に当該墜落制止用器具の種類、製造者名及び製造年月が表示されているものでなければならない。

2　ショックアブソーバは、見やすい箇所に、当該ショックアブソーバの種別、当該ショックアブソーバを使用する場合に前条第三項の表に定め

275

る基準を満たす自由落下距離のうち最大のもの、使用可能な着用者の体重と装備品の質量の合計の最大値、標準的な使用条件の下で使用した場合の落下距離が表示されているものでなければならない。

（特殊な構造の墜落制止用器具等）

第10条　特殊な構造の墜落制止用器具又は国際規格等に基づき製造された墜落制止用器具であって、厚生労働省労働基準局長が第3条から前条までの規定に適合するものと同等以上の性能又は効力を有すると認めたものについては、この告示の関係規定は、適用しない。

附　則

第1条　この告示は平成31年2月1日から適用する。

第2条　平成31年2月1日において、現に製造している安全帯又は現に存する安全帯の規格については、平成34年1月1日までの間は、なお従前の例による。

第3条　前条に規定する安全帯以外の安全帯で、平成31年8月1日前に製造された安全帯又は同日において現に製造している安全帯の規格については、平成34年1月1日までの間は、なお従前の例によることができる。

第4条　前2条の規定は、これらの条に規定する安全帯又はその部分がこの告示による改正後の墜落制止用器具構造規格に適合するに至った後における当該墜落制止用器具又はその部分については、適用しない。

附　則（令和元年6月28日厚生労働省告示48号）抄

（適用期日）

1　この告示は、不正競争防止法等の一部を改正する法律の施行の日（令和元年7月1日）から適用する。

6　電気工事作業指揮者に対する安全教育について

昭和63年12月28日　基発第782号

安全衛生教育の推進については、昭和59年2月16日付け基発第76号「安全衛生教育の推進について」及び同年3月26日付け基発第148号「安全衛生教育の推進に当たって留意すべき事項について」等により、その推進を図っているところである。

今般、これらの通達に基づき行うこととされている作業指揮者に対する安全衛生教育のうち、標記教育について、その実施要領を別添のとおり定めたので、関係事業者に対し本実施要領に基づく実施を勧奨するとともに、事業者に代わって当該教育を行う安全衛生団体に対し指導援助をされたい。

電気工事作業指揮者安全教育実施要領

1.目　的

我が国における産業活動の発展とともに、電気設備の高電圧化等が進んでいる。電気工事においては、毎年多くの作業者の命が失われており、感電災害は、他の労働災害と比較して重篤度が極めて高く、いったん事故が発生すると死亡災害になりやすいという特徴があるので、さらに安全対策の充実と徹底を図る必要がある。

このため、電気工事の作業を指揮する者に対して、本実施要領に基づく電気工事作業指揮者安全教育を実施することにより、作業指揮者としての職務に必要な知識等を付与し、もって当該作業従事労働者の安全衛生の一層の確保に資することとする。

2.対象者

電気工事作業指揮者として選任された者又は新たに選任される予定の者とすること。

3.実施者

上記2の対象者を使用する事業者又は事業者に代って当該教育を行う安全衛生団体とする。

4.実施方法

(1) 教育カリキュラムは、次頁の「電気工事作業指揮者安全衛生カリキュラム」によること。

(2) 教材としては、「電気工事作業指揮者安全必携」(中央労働災害防止協会発行)等が適当と認められること。

(3) 1回の教育対象人員は、100人以内とすること。

(4) 講師については、下表のカリキュラムの科目について十分な学識経験等を有するものを充てること。

5. 修了の証明等

(1) 事業者は、当該教育を実施した結果について、その旨記録し、保管すること。

(2) 教育修了者に対し、その修了を証する書面を交付する等の方法により、所定の教育を受けたことを証明するとともに、教育修了者名簿を作成し、保存すること。

電気工事作業指揮者安全教育カリキュラム

科　目	範　囲	時　間
電気工事指揮者の職務	1　電気取扱作業における災害発生状況と問題点 2　作業指揮者の選任とその職務	1.5
現場作業の安全	1　作業時の注意事項 2　感電、墜落災害等の防止	1.5
個別作業の管理	1　架空送電設備の作業 2　架空配電設備の作業 3　地中配送電設備の作業 4　特別高圧受変電設備の作業 5　高圧受変電設備の作業 6　工場電気設備の作業	2.5
関係法令	労働安全衛生法、同施行令及び労働安全衛生規則の関係条項	0.5

7　電気工事士でなくともできる軽微な工事

電気工事士法施行令（抜粋）

昭和35年 9 月30日　政令第260号

最終改正　令和 4 年11月30日　政令第365号

（軽微な工事）

第1条　電気工事士法 （以下「法」という。）第 2 条第 3 項ただし書の政令で定める軽微な工事は、次のとおりとする。

1. 電圧600ボルト以下で使用する差込み接続器、ねじ込み接続器、ソケット、ローゼットその他の接続器又は電圧600ボルト以下で使用するナイフスイッチ、カットアウトスイッチ、スナップスイッチその他の開閉器にコード又はキャブタイヤケーブルを接続する工事
2. 電圧600ボルト以下で使用する電気機器（配線器具を除く。以下同じ。）又は電圧600ボルト以下で使用する蓄電池の端子に電線（コード、キャブタイヤケーブル及びケーブルを含む。以下同じ。）をねじ止めする工事
3. 電圧600ボルト以下で使用する電力量計若しくは電流制限器又はヒューズを取り付け、又は取り外す工事
4. 電鈴、インターホーン、火災感知器、豆電球その他これらに類する施設に使用する小型変圧器（二次電圧が36ボルト以下のものに限る。）の二次側の配線工事
5. 電線を支持する柱、腕木その他これらに類する工作物を設置し、又は変更する工事
6. 地中電線用の暗渠又は管を設置し、又は変更する工事

8 電気工事士でなくともできる軽微な作業

電気工事士法施行規則（抜粋）

昭和35年9月30日　通商産業省令第97号

最終改正　令和5年7月5日　経済産業省令第36号

（軽微な作業）

第2条　法第3条第1項の自家用電気工作物の保安上支障がないと認められる作業であつて、経済産業省令で定めるものは、次のとおりとする。

1. 次に掲げる作業以外の作業

　イ　電線相互を接続する作業（電気さく（定格一次電圧300ボルト以下であつて感電により人体に危害を及ぼすおそれがないように出力電流を制限することができる電気さく用電源装置から電気を供給されるものに限る。以下同じ。）の電線を接続するものを除く。）

　ロ　がいしに電線（電気さくの電線及びそれに接続する電線を除く。ハ、ニ及びチにおいて同じ。）を取り付け、又はこれを取り外す作業

　ハ　電線を直接造営材その他の物件（がいしを除く。）に取り付け、又はこれを取り外す作業

　ニ　電線管、線樋、ダクトその他これらに類する物に電線を収める作業

　ホ　配線器具を造営材その他の物件に取り付け、若しくはこれを取り外し、又はこれに電線を接続する作業（露出型点滅器又は露出型コンセントを取り換える作業を除く。）

　ヘ　電線管を曲げ、若しくはねじ切りし、又は電線管相互若しくは電線管とボックスその他の附属品とを接続する作業

　ト　金属製のボックスを造営材その他の物件に取り付け、又はこれを取り外す作業

　チ　電線、電線管、線樋、ダクトその他これらに類する物が造営材を貫通する部分に金属製の防護装置を取り付け、又はこれを取り外す作業

　リ　金属製の電線管、線樋、ダクトその他これらに類する物又はこれらの附属品を、建造物のメタルラス張り、ワイヤラス張り又は金属板張りの部分に取り付け、又はこれらを取り外す作業

　ヌ　配電盤を造営材に取り付け、又はこれを取り外す作業

　ル　接地線（電気さくを使用するためのものを除く。以下この条にお

いて同じ。）を自家用電気工作物（自家用電気工作物のうち最大電力500キロワット未満の需要設備において設置される電気機器であつて電圧600ボルト以下で使用するものを除く。）に取り付け、若しくはこれを取り外し、接地線相互若しくは接地線と接地極（電気さくを使用するためのものを除く。以下この条において同じ。）とを接続し、又は接地極を地面に埋設する作業

　　ヲ　電圧600ボルトを超えて使用する電気機器に電線を接続する作業
　2. 第一種電気工事士が従事する前号イからヲまでに掲げる作業を補助する作業
2　法第3条第2項の一般用電気工作物等の保安上支障がないと認められる作業であつて、経済産業省令で定めるものは、次のとおりとする。
　1. 次に掲げる作業以外の作業
　　イ　前項第1号イからヌまで及びヲに掲げる作業
　　ロ　接地線を一般用電気工作物等（電圧600ボルト以下で使用する電気機器を除く。）に取り付け、若しくはこれを取り外し、接地線相互若しくは接地線と接地極とを接続し、又は接地極を地面に埋設する作業
　2. 電気工事士が従事する前号イ及びロに掲げる作業を補助する作業

電気の特性と電気現象の基礎

電気の特性と電気現象の基礎

　ここでは、電気の基礎的な知識に自信のない方のために、電気の基礎的な特性と電気特有の現象について解説します。

1．電気の特性
(1) 電気とは

　電気は私たちの生活に深く関わっており、なくてはならない存在ですが電気そのものが目に見えないため、その本質を理解することは、容易ではありません。

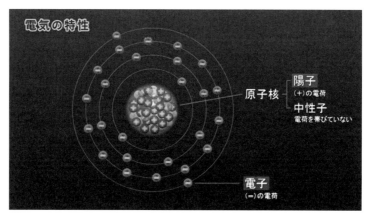

付図－1　電気の特性「陽子と電子」

　物質を極限まで分解すると陽子と電子に分解でき、電子には移動しやすい性質をもった自由電子といわれる電子が存在します。この自由電子は導体といわれる物質の中では特に多く存在し、自由に移動することができる性質をもっています。そして電気が流れている状態では、この自由電子がマイナスからプラスの方向に移動しています。これに対して「電流はプラスからマイナスの方向に流れている」と定義されています。自由電子の存在は歴史的に19世紀末になってその存在が発見され、結果として電子の流れと電流の流れは全く逆方向であることがわかりましたが、電気現象を説明するためには、特段の支障がないため、そのままになっています。

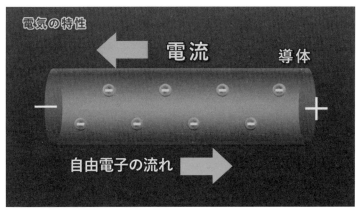

付図－2　電気とは電子の流れ

（2）電気の種類

　電気には電子の流れが一方向に移動する「直流」と電子の流れが1秒間に何回も方向が変わる「交流」とがあります。

　1秒間に繰り返される周期を周波数と呼び、Hz（ヘルツ）で表します。

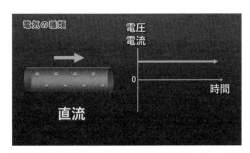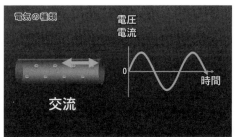

※1秒間に50回変われば周波数50ヘルツ〔Hz〕の交流
　1秒間に60回変われば周波数60ヘルツ〔Hz〕の交流

付図－3　直流と交流

　日本では、富士川以西の地域では1秒間に60回電子の方向が変わる60Hzの電気が、富士川以東の地域では1秒間に50回電子の方向が変わる50Hzの電気が電気事業者の発電所で発電されて需要家の設備に送電されています。（長野県の一部に50Hzと60Hzの混在地区があります。）

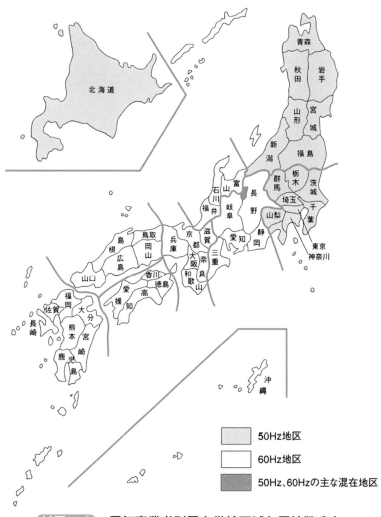

北海道

青森
秋田　岩手
山形　宮城
新潟　福島
　栃木　茨城
群馬
埼玉　千葉
山梨
東京
神奈川

富山
石川　長野
福井　岐阜
　　愛知　静岡

鳥取
島根　京都　滋賀
岡山　兵庫
広島　　奈良　三重
　　　大阪
山口　香川　和歌山
　　愛媛　徳島
　　　高知

福岡
佐賀　大分
長崎　熊本　宮崎
　　鹿児島

沖縄

- 50Hz地区
- 60Hz地区
- 50Hz、60Hzの主な混在地区

付図－4 電気事業者別電力供給区域と周波数分布

(3) 電気の大きさ

　電気の大きさは、一般的には電流、電圧、電力で表されます。このうち電流は電子の流れる量で表され、川の流れに例えることができます。

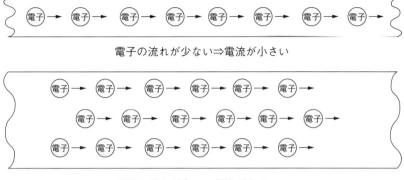

電子の流れが少ない⇒電流が小さい

電子の流れが多い⇒電流が大きい

付図－5　電流の大きさ

　小さな川に流れる電子はその量が少ないため電流が「小さい」と、大きな川に流れる電子はその量が多いため、電流が「大きい」と言うことができます。電流が大きいほど電灯を明るくしたり、電動機であれば、より大きなものを回すことができます。電流の単位はアンペア〔A〕で表されます。

　電圧は電気を流す力のことで、水に例えれば、付図－6のようなタンクに水を入れて穴をあけると水圧が高いほど水は遠くに飛ぶのと同様に、電圧が高いほど、電灯であれば明るく、電動機であれば回転力を速くすることができます。電圧の単位はボルト〔V〕で表されます。

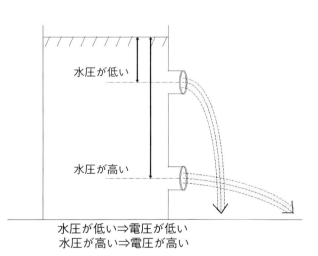

水圧が低い

水圧が高い

水圧が低い⇒電圧が低い
水圧が高い⇒電圧が高い

付図－6　電圧の大きさ

電力は、単位時間に電気がする仕事量のことです。

直流では電圧と電流の積で表されます。電力の単位はワット〔W〕で表されます。

電力を P〔W〕、電圧 E〔V〕、電流 I〔A〕とすると、電力 P は

$P = E \times I$〔W〕

交流の場合、負荷によっては電圧と電流間で位相差が発生する場合があるので、直流電力のように電圧と電流の単純な積で求めることができません。電圧と電流の位相差を θ とすると、有効に電力を使える割合である力率は $\cos\theta$ で表すことができ、電力 P は

$P = E \times I \times \cos\theta$〔W〕

電力量も私たちの生活になじみのある言葉です。電力量はある経過時間に電流がする仕事の量のことです。電力と時間の積で求められます。単位は〔W・h〕や〔kW・h〕が用いられています。電力量を測定するには、電力量計が使用され、事業所や一般家庭などには、電気事業者が電力量計を備え付けて、定期的に電力使用量として記録しています。

2．電気の発生から消費
(1) 電気はどこで発電するの？
電気は、電気事業者の水力発電所、火力発電所、原子力発電所などで発電されます。また、最近は太陽光発電、風力発電、燃料電池発電など自然エネルギーを利用した発電設備も普及し始めています。発電された電気は電圧を高くして送電線で送られます。電気が大量に使用される都市部まで送電されると、電圧を下げて工場や一般家庭に配電されます。

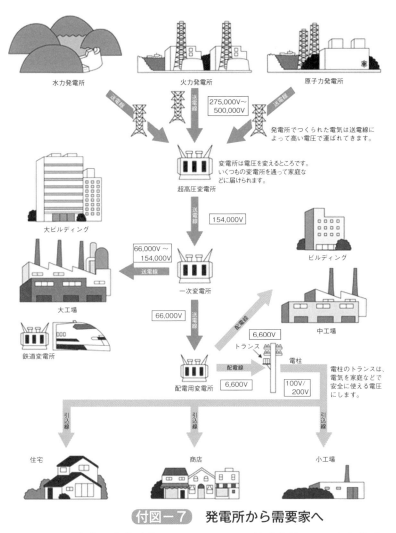

水力発電所　　　　　火力発電所　　　　　原子力発電所

275,000V～
500,000V

送電線

発電所でつくられた電気は送電線に
よって高い電圧で運ばれてきます。

変電所は電圧を変えるところです。
いくつもの変電所を通って家庭な
どに届けられます。

超高圧変電所

大ビルディング

154,000V

送電線

ビルディング

66,000V～
154,000V

送電線

一次変電所

大工場

中工場

66,000V

送電線

配電線

6,600V

トランス

鉄道変電所

配電用変電所

配電線
6,600V

電柱

100V/
200V

電柱のトランスは、
電気を家庭などで
安全に使える電圧
にします。

引込線

引込線

引込線

住宅

商店

小工場

付図－7　**発電所から需要家へ**

出典：東京電力ホールディングス株式会社の HP より作成

(2) どこで低圧になるの？

　電気事業者からは高い電圧で送電されていますが、一般家庭や工場・ビルで電気を使用される前に変圧器によって低圧の電気に変圧されます。一般家庭では電気事業者の柱上変圧器によって高圧の電気から低圧の電気に変圧され、取引用のメータを介して家庭内に引き込まれます。（高圧及び低圧の定義については P.4 を参照してください）

　工場や事務所ビルの建物では高い電圧のままで受変電設備に入り、受変電設備の中の変圧器によって高圧の電気から低圧の電気に変圧されて、建物内の電灯や電気設備に電気が供給されます。

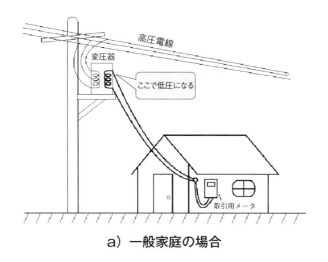

a）一般家庭の場合

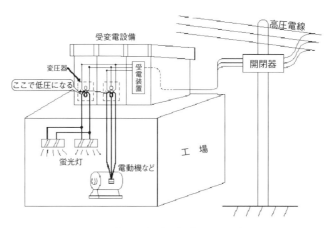

b）工場や事務所ビルの場合

付図−8　どこで低圧になるの？

3．電気現象

　電気にはその特性上いろいろな電気現象があります。電気取扱者はその電気現象をよく理解した上で作業を安全に行うことが重要です。ここでは電気を安全に利用するために理解しておきたい電気現象について説明します。

（1）絶　縁

　電気回路の電流は決められた場所以外に流れることのないようにしなければなりません。電流を一定の通路に流すために通路の周りを絶縁物で被覆することを**絶縁**するといいます。しかし、絶縁物は時間の経過とともに劣化するため、古い電気設備や環境が悪い場所での電気配線は絶縁状態を定期的に確認することが重要です。

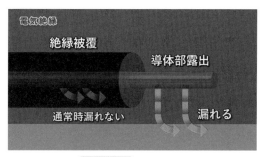

（付図－9） 絶　縁

（2）漏　電

　電流は決められた通路（電気回路）を通るようになっていますが、その通路以外に漏えい電流が発生する状態を**漏電**といいます。電路や電気機器で漏電が起こると熱が発生し、火災の危険があるため、定期的に点検を行い、漏電をチェックすることが重要です。

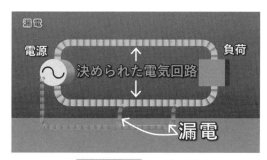

（付図－10） 漏　電

（3）感　電

　漏電している部分に人が触れると人体に電流が流れます。体内に電流が流れるとショックを受け、筋肉がけいれんを起こし、電流が大きい場合にはひどい電気火傷や心停止状態に陥ることがあります。このような現象を**感電**といいます。感電に対する人体が受ける影響は電流の種類や電流の大きさによって異なります。詳しくはP.9〜P.10を参照してください。

（付図－11） 感　電

付　録　電気の特性と電気現象の基礎

291

（4）接　地

　電気機器の金属製の外箱などに漏電し、そこに人が触れると感電する危険があります。感電を防ぐため電気機器の金属製の外箱を電線（アース線）で大地へ結び、大地との間に電流の通路を作っておく（**接地**する）と、漏電時に漏れた電流はほとんどこのアース線に流れるので、感電を防ぐことが出来ます。ただし、アース線を施しても人体にもわずかな電流は流れるため、必ずしも安全ではありません。そのため、アース線と合わせて感電防止用の漏電遮断器を回路に取り付けましょう。

付図−１２　接　地

　変圧器において高電圧を低電圧に変圧する際に、電気安全のために低圧側の１線を接地極に配線するように電技解釈で定められております。付図−13のように接地された側の電線を**接地側電線**、接地されていない電線を**非接地側電線**と呼んでいます。接地側の電線に人間が触れても大地と電位が同じであるため感電はしませんが、非接地側電線に触れると感電してしまいます。

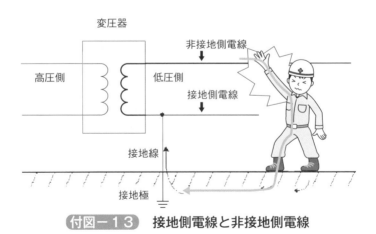

付図−１３　接地側電線と非接地側電線

　したがって、電気配線では接地側電線と非接地側電線が区別できるように次のように色分けされています。

接地線：緑色又は緑／黄のしま（縞）色
接地側電線：白色
非接地側電線：黒色又は赤色

　また、配線器具でも接地側と非接地側が分かるようその形状が決められております。

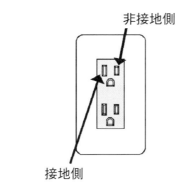

非接地側

接地側

付図ー14　コンセントの接地側と非接地側

（5）許容電流

　電気の通路には抵抗があり電流が流れると熱が発生して通路の温度は上昇します。電線や電気機器の絶縁物は一般に高温になると酸化などにより変質し、例えば、軟化や溶融するとその機能が減少し、あるいは炭化すると機能しなくなります。したがって、電線や電気機器の寿命は使用する絶縁物の耐熱性によって左右され、その絶縁物に許容される使用温度を超える温度で使うと寿命が短くなります。この絶縁物の使用温度の限界を許容最高温度といい、その温度を超えないための電流の限界を**許容電流**と呼んでいます。

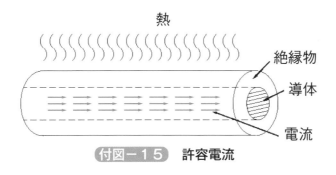

熱

絶縁物

導体

電流

付図ー15　許容電流

（6）過負荷電流

　電気機器において電圧、周波数や規格に定められた周囲条件（気温、気

圧）を考慮して、製造者が保証した使用限度の出力を定格出力（通常 kW あるいは kVA で表す）といい、その時流れる電流を定格電流又は全負荷電流と呼んでいます。

　電動機では負荷の大小によって電流が変わり、負荷が過大になると定格電流より大きな電流（**過負荷電流**）が流れます。大きな電流が流れると電動機の温度が使用する絶縁物の許容温度以上になって寿命を縮めることになります。

　過負荷電流が流れ続けると電動機やその配線が過熱し、焼損して火災を起こすおそれがあるため、過負荷電流を速やかに自動的に遮断する過電流遮断機を取り付ける必要があります。

(7) 短絡（ショート）

　第1編第2章 短絡（P.15）を参照してください。

(8) 接触不良とトラッキング現象

　電線を相互に接続したり、コンセントにプラグを差し込んだ状態では絶縁していない部分（導体）がお互いに接触しています。この接触が不充分であると接触抵抗と呼ばれる抵抗が大きくなり、接触部が過熱する現象が起きます。このような状態を**接触不良**といいます。

　また、家庭では冷蔵庫やテレビ、洗濯機など、プラグをコンセントに差し込んだまま長年放置していると、**トラッキング現象**により火災になる危険性があります。トラッキング現象とはコンセントやテーブルタップに長期間プラグを差し込んでいると、コンセントとプラグとの隙間に徐々にほこりが溜まり、このほこりが湿気を帯びることによってプラグ両極間で火花放電が繰り返されます。そして絶縁状態が悪くなり、プラグ両極間に電気が流れる道（トラック）が出来て、発熱、発火する現象をいいます。

　このような現象を防ぐためには定期的に清掃するか、プラグにトラッキング現象を防止するための部品（埃の侵入を防ぎ、接点部を密閉する）を取り付けることも有効です。特に大型家電製品の裏側などふだん目につきにくい場所などに発生しやすいです。

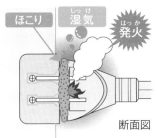

断面図

出典：電気安全パンフレットの電気のまめちしき「トラッキング現象」［(一社)日本電気協会］

付図－16　トラッキング現象

４．電気による災害を防ぐために（まとめ）

　電気災害の大きなものとして感電災害、電気火災が挙げられます。感電災害は特に電圧が高くなるほど感電した人の火傷や心停止による死亡率が上昇します。わが国では、毎年数百人の感電死傷報告がありますが、そのうち３分の１程度が死亡しています。もう一つの電気災害である電気火災は毎年数百件程度起こっていますが、これは全火災件数の１割程度にあたります。電気による出火源としては、家庭では電気こたつ、アイロンなど高温になる電熱器類、工場ではアーク溶接時のスパッタやモータの過熱などが多く、また、電熱器の過熱なども原因に数えられます。

　電気の通路は漏電や感電を防止するために十分に絶縁されており、また、過電流や短絡事故によって電気機器やその配線が焼損して火災が起こるのを防ぐために電気回路に必ず漏電遮断器等の安全装置を設け、電気の安全性を高くします。しかし、電気の安全を守る主役の絶縁物は高温と高湿度が続くとその絶縁性能が次第に悪くなり、漏電や絶縁破壊が起りやすくなります。また、電気工事の不手際や取扱者の不注意によって絶縁不良が起こることもあります。さらに地震、台風、落雷、腐食など自然現象によって電気回路に異常が起こることもあります。

　これらの状況を十分に把握して、電気による災害を未然に防ぐようにしましょう。

低圧電気取扱特別教育テキスト
第8版

―講習用テキスト―

2010年 3 月25日　初 版 発 行
2024年 5 月31日　第 8 版発行

発 行 所　一般社団法人 日本電気協会
　〒100-0006　東京都千代田区有楽町1-7-1
　TEL（03）3216-0555　FAX（03）3216-3997
　https://store.denki.or.jp
発 売 元 株式会社 オ ー ム 社
　〒101-8460　東京都千代田区神田錦町3-1
　TEL（03）3233-0641　FAX（03）3233-3440

印刷　藤原印刷株式会社

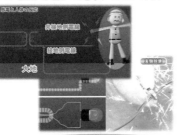

日本電気協会ならびに各支部では低圧特別教育講習会のほか各種技術講習会・セミナーを開催しております。詳しくは各支部ウェブサイトをご覧ください。

一般社団法人　日本電気協会

〒100-0006 東京都千代田区有楽町1-7-1（有楽町電気ビル北館4F）
事業推進部 TEL（03）3216-0556 FAX（03）3216-3997
store.denki.or.jp

北海道支部 www.jea-hokkaido.com	〒060-0041　札幌市中央区大通東3-2（北海道電気会館4F） TEL（011）221-2759　FAX（011）222-6060
東北支部 www.jea-tohoku.jp	〒980-0021　仙台市青葉区中央2-9-10（セントレ東北8F） TEL（022）222-5577　FAX（022）222-6006
関東支部 www.kandenkyo.jp	〒100-0006　東京都千代田区有楽町1-7-1（有楽町電気ビル北館4F） TEL（03）3213-1757　FAX（03）3213-1747
中部支部 www.chubudenkikyokai.com	〒461-8570　名古屋市東区東桜2-13-30（NTPプラザ東新町9F） TEL（052）934-7215　FAX（052）934-7391
北陸支部 www.hokuriku-denkikyokai.jp	〒930-0858　富山市牛島町13-15（百川ビル5F） TEL（076）442-1733　FAX（076）442-1740
関西支部 www.jea-kansai.jp	〒530-0004　大阪市北区堂島浜2-1-25（中央電気倶楽部4F） TEL（06）6341-5096　FAX（06）6341-7639
中国支部 www.jea-chugoku.jp	〒730-0041　広島市中区小町4-33（中電ビル2号館4F） TEL（082）243-4237　FAX（082）246-3338
四国支部 www.s-ea.jp	〒760-0033　高松市丸の内2-5（ヨンデンビル4F） TEL（087）822-6161　FAX（087）822-6183
九州支部 www.kea.gr.jp	〒810-0004　福岡市中央区渡辺通2-1-82（電気ビル北館10F） TEL（092）741-3606　FAX（092）781-5774
沖縄支部 www.denki-oki.com	〒900-0029　沖縄県那覇市旭町114-4（おきでん那覇ビル6F） TEL（098）862-0654　FAX（098）862-0687